WENDY HILLING, geboren 1949, leidet seit ihrer Geburt an Epidermolysis bullosa, einer seltenen Erbkrankheit, die ihre Haut so empfindlich macht wie die Flügel eines Schmetterlings. Gegen alle Widrigkeiten hat sie sich ein erfülltes Leben erkämpft, gearbeitet und zwei Kinder bekommen. Mit ihrem Ehemann Peter und ihrem vierbeinigen Gefährten Ted lebt sie im Südwesten Englands.

Besuchen Sie uns auf www.penguin-verlag.de
und Facebook.

Wendy Hilling

Mein Leben in seinen Pfoten

Die Geschichte von Ted,
meinem Hund und Retter

Aus dem Englischen
von Sonja Hagemann

 PENGUIN VERLAG

Die englische Originalausgabe erschien 2016 unter dem Titel
»My Life in His Paws. The Story of Ted and How He Saved Me«
bei Hodder & Stoughton, London.

MIX
Papier aus verantwor-
tungsvollen Quellen
FSC® C014496

Verlagsgruppe Random House FSC® N001967

PENGUIN VERLAG

PENGUIN und das Penguin Logo sind Markenzeichen
von Penguin Books Limited und werden
hier unter Lizenz benutzt.

1. Auflage 2017
Copyright © 2016 by Wendy Hilling
Copyright © der deutschsprachigen Ausgabe 2017 by
Penguin Verlag,
in der Verlagsgruppe Random House GmbH,
Neumarkter Straße 28, 81673 München
Umschlag: Coverentwurf: Sabine Kwauka
nach einem Entwurf von Hodder & Stoughton Ltd.
Coverfoto: © Wendy Hilling
Redaktion: Hanna Klimesch
Satz: Uhl + Massopust, Aalen
Druck und Bindung: GGP Media GmbH, Pößneck
Printed in Germany
ISBN 978-3-328-10101-7
www.penguin-verlag.de

Dieses Buch ist auch als E-Book erhältlich.

Gewidmet meiner Familie und meinen Freunden,
besonders meiner Schwester Mary,
die mir immer »nur noch ein Kapitel« vorgelesen hat,
als wir Kinder waren

Inhalt

Einleitung

Ich wache auf und kann weder atmen noch mich bewegen. Weil sich in meinem Hals alles zusammengezogen hat, kann ich auch niemanden um Hilfe bitten, obwohl mein Mann direkt neben mir liegt und mein Hund Ted sich am Fußende des Bettes zusammengerollt hat. Da beide seelenruhig schlafen, droht mich Panik zu übermannen. Es stimmt, dass man sein Leben an sich vorbeiziehen sieht, wenn man dabei ist zu sterben.

Ich weiß, dass es jetzt zu Ende geht, die Situation ist aussichtslos.

Doch dann springt Teddy mit einem Mal auf, rennt zum Notfallknopf an der Schlafzimmerwand und drückt ihn mit der Schnauze. Er antwortet mit einem Bellen, als sich der Notdienst meldet: »Hallo, Ted, sag Mummy und Daddy, dass ein Krankenwagen unterwegs ist.« Dann rennt der Golden Retriever einmal ums Bett herum, bellt meinen Mann an und zerrt an seinem Kissen, um ihn zu wecken. Peter wacht auf, dreht mich auf die Seite – und schließlich bekomme ich endlich wieder Luft. Erleichtert ringe ich nach Atem.

Als der Krankenwagen eintrifft, atme ich bereits wieder normal, aber wir sind beide ganz schön mitgenommen. Einer der Sanitäter überprüft meine Sauerstoffwerte.

»Wir müssen sichergehen, dass keine Schäden zurückbleiben«, erklärt er. »Bei Atemnot zählen oft schon Sekunden. Zum Glück hat Ihr Mann uns so schnell gerufen.«

»Oh, das war nicht mein Mann«, stelle ich klar, »sondern mein Hund.«

Alle drehen sich zu Teddy um, der dasitzt und aufmerksam zuschaut. Einerseits will er sich vergewissern, dass mit mir wieder alles in Ordnung ist, andererseits wartet er auch auf seine wohlverdiente Belohnung. Die Sanitäter können es kaum glauben, aber an das fassungslose Staunen der Menschen bin ich inzwischen gewöhnt.

»Wollen Sie damit sagen, dass Ihr Hund Ihnen das Leben gerettet hat?«

»Oh ja«, nicke ich. »Das macht er ständig.« Ich strecke die Hand aus und streichle Teddy über den Kopf. »Ohne ihn könnte ich nicht leben. Er hat für mich alles verändert.«

Ted ist ein ganz zauberhafter neun Jahre alter Golden Retriever mit schönem hellem Fell. Wie alle Vertreter seiner Rasse ist er gutmütig und möchte gefallen, aber er hat auch eine freche Seite: Er albert gern herum, spielt und schnappt sich Sachen, die ihm eigentlich nicht gehören. Ted ist aber kein normaler Hund. Er ist mein Pfleger, kümmert sich rund um die Uhr um mich und wurde dafür von der wohltätigen Organisation *Canine Partners* ausgebildet, seit er achtzehn Monate alt war.

Ich habe ihn als zehn Wochen alten Welpen bekommen, und er ist vierundzwanzig Stunden an meiner Seite –

er hilft mir bei allen Dingen des Alltags, und wenn mein Leben in Gefahr ist, dann schlägt er Alarm. Als Anerkennung für seine Dienste wird er sogar von der Regierung bezahlt, auch wenn natürlich stellvertretend *wir* dieses Geld für seine Haltung bekommen.

Ich wurde als »Schmetterlingskind« geboren – meine Haut ist so empfindlich wie der Flügel eines Falters. Durch eine seltene genetische Krankheit namens *rezessive dystrophe Epidermolysis bullosa* (EB) ist meine Haut extrem anfällig und kann selbst bei der kleinsten Berührung aufplatzen oder Blasen bilden. Deshalb ist jede Bewegung schwierig und schmerzhaft.

Betroffen ist nicht nur die Körperoberfläche, sondern auch die Schleimhaut im Inneren, deshalb sind Hals und Mund ebenfalls äußerst empfindlich – Husten, Weinen oder Würgen kann Blasen hervorrufen. Nachdem sie jahrelang immer wieder beschädigt wurde, ist meine Kehle inzwischen unglaublich eng, was jeden Augenblick zu Atemstillstand führen kann. Und daher brauche ich seit über zwei Jahrzehnten Betreuung rund um die Uhr. Seit fast acht Jahren übernimmt Ted diese Aufgabe.

Wenn es Zeit zum Aufstehen ist, legt Teddy mir die Kleider hin, die ich am Abend zuvor herausgesucht habe. Er hilft mir beim Ausziehen und bringt mir das Handtuch von der Heizung, wenn ich die Dusche ausstelle. Es sei denn, er albert herum und tanzt damit erst einmal durch die Gegend. »Jetzt komm schon, Teddy, könnte ich bitte mein Handtuch haben? Mir ist kalt!«

Einen Moment noch, ich spiel doch nur!

Wenn ich unten bin und zu ihm sage: »Okay, Teddy, bist du fertig, können wir los?«, holt er meine Schuhe und die Leine.

Ich befestige sie an seinem Halsband.

»Danke. In die Hand, bitte, Teddy«, sage ich, und er reicht mir die Leine mit der Schnauze. Wenn sie zwischen seine Pfoten geraten ist, sage ich: »Bringst du das bitte in Ordnung?« Dann steigt er darüber. Manche finden es albern, dass ich zu meinem Hund Bitte und Danke sage, aber ich bleibe ihm gegenüber immer höflich – schließlich arbeitet er für mich. Außerdem habe ich meine Haustiere immer schon mit großem Respekt behandelt. Meine Stimme verrät Teddy, wo wir hinmüssen. Ich brauche nur zu sagen: »Ein Tässchen Tee, Teddy?«, dann führt er mich zum nächsten Café. Er weiß genau, wo es langgeht – ich würde ihm auch mit geschlossenen Augen ganz beruhigt folgen.

Ted bleibt dicht an meiner Seite und hilft mir, das Gleichgewicht zu halten. Meine rechte Hüfte ist ziemlich in Mitleidenschaft gezogen, und wenn ich falle, dann immer nach rechts. Teddy führt mich um Löcher oder Hindernisse auf der Straße herum, die für mich ein Problem darstellen könnten, deshalb fühle ich mich in seiner Begleitung völlig sicher. Und falls mir doch einmal etwas passieren sollte, würde er bellen und Hilfe holen.

Man kann nur schwer beschreiben, wie unvergleichlich es ist, von einem Hund versorgt zu werden. Inzwischen fände ich es schrecklich, wenn sich wieder ein Mensch um mich kümmern würde – dafür bin ich einfach zu selbstständig. Ich will alles allein machen.

Vor Teddys Zeit musste mich immer mein Mann Peter begleiten, und das fühlte sich dann an, als sei er nicht mehr mein Partner, sondern nur noch mein Pfleger. Es war für uns beide unangenehm.

Früher war ich unsicher, wenn ich das Haus verlassen habe. Ich wusste, dass die Leute mich anschauten und in mir nur eine behinderte Frau sahen. Aber mit Ted ist die Situation eine ganz andere, weil die Menschen ihn einfach lieben. Sie schauen gerne dabei zu, wie er mir hilft. Wenn wir zusammen unterwegs sind, werde ich nahezu unsichtbar, aber das stört mich gar nicht. Schließlich bin ich stolz auf ihn und darauf, wie er sich um mich kümmert. Außerdem bin ich mit ihm an meiner Seite auch mutiger: Wenn ich wegen einer Behandlung ins Krankenhaus muss, grüble ich nicht mehr darüber nach, was wohl gleich mit mir geschehen wird. Stattdessen denke ich an Teddy und daran, wie es ihm wohl dabei ergehen wird. Ich weine nicht und mache kein Theater, weil ich ihn nicht beunruhigen will.

Wenn wir zusammen einkaufen gehen, zeige ich ihm im Supermarkt, was ich brauche.

»Kannst du das da bitte für mich holen, Teddy?«

Was denn?

Er mustert das Regal, bewegt die Schnauze auf und ab.

»Nein, nicht das da. Das dort drüben. Genau, jetzt hast du's!«

Oh, das!

Er packt es mit den Zähnen und legt es in meinen

Korb. Wenn wir fertig sind, darf er das letzte Teil im Maul zur Kasse tragen, weil er das so gerne macht. Mein Portemonnaie liegt im Korb. Teddy holt es heraus, legt dann die Pfoten auf den Tresen und gibt es der Kassiererin. Sie nimmt sich den entsprechenden Betrag, legt eventuelles Wechselgeld zurück und reicht die Geldbörse Ted, der sie zurück zum Korb bringt. Ich glaube, der Verkäuferin macht die ganze Sache genauso viel Spaß wie ihm. Das ist das Schöne am gemeinsamen Leben mit Teddy – er bereitet anderen Menschen ebenso viel Freude wie uns.

Wieder zu Hause, macht er den Reißverschluss meines Mantels auf und packt den Ärmel, um mir beim Ausziehen zu helfen. Er öffnet den Klettverschluss meiner Schuhe und streift sie mir von den Füßen, dann zieht er selbst seine *Canine-Partners*-Weste aus.

Ted arbeitet den ganzen Tag hart und konzentriert. Wenn er sein Jäckchen auszieht, geht für ihn jedoch die Party los. Endlich darf er albern sein! Er hat immer auch Zeit, sich zu entspannen, zu spielen und einfach er selbst zu sein. Wenn Peter und ich mit ihm unterwegs sind, sagen die Leute oft: »Oh, Sie haben aber einen ruhigen Hund!« Dann sehen wir uns an und müssen lachen – die sollten ihn mal sehen, wenn er zu Hause ist oder am Strand herumtollt.

Teddy rollt sich auf den Rücken und kaut auf einem Quietschspielzeug herum. Ich packe das andere Ende und tue so, als wollte ich es ihm wegnehmen. Er spielt unheimlich gerne mit mir Tauziehen!

»Gib es mir, Teddy, das gehört mir!«, rufe ich, aber er lässt nicht locker.

Würde ich es wirklich brauchen, müsste ich einfach nur »In meine Hand, Teddy« sagen, und er würde es mir sofort geben. Er weiß, wann wir spielen und wann es ernst wird. Inzwischen kennen wir einander eben in- und auswendig.

Wenn ich zu Hause irgendetwas brauche, dann muss ich nur Teddy bitten, es mir zu holen. Falls ich etwas fallen lasse, hebt er es sofort auf und legt es mir in die Hand. Meine Finger sind furchtbar vernarbt und deshalb nicht sehr beweglich, aber egal wie oft mir etwas herunterfällt, er bringt es mir immer wieder. Aufgeben kommt für ihn nicht infrage.

Die Waschmaschine ist fertig. Sobald Teddy das Klicken hört, läuft er darauf zu. Wenn mein Mann zuerst bei der Maschine ankommt, schiebt Teddy ihn einfach beiseite – *Weg da, Bahn frei, das mache ich!* Er weiß ganz genau, dass er ein Leckerli bekommt, wenn er sich um die Wäsche kümmert. Deshalb holt er die Sachen aus der Maschine, legt sie in einen Korb und zerrt diesen dann herüber zur Wäscheleine. Dort sitze ich, und er reicht mir jedes einzelne Teil sowie die Wäscheklammern mit den Zähnen an. Obwohl er mich manchmal auch warten lässt und lieber mit einer Klammer im Maul durch den Garten rennt.

»Na komm, Ted«, sage ich. *Ich spiel doch nur, Mum!*

Ein Hundebesitzer wird von seinem Tier gebraucht, und das ist ein ganz wunderbares Gefühl. Es lässt mich nach vorne schauen, holt mich morgens aus dem Bett und gibt meinem Leben einen Sinn. Jahrelang war ich diejenige, um die man sich immer kümmern musste, und jetzt bin ich für ihn da. Damit habe ich in der Welt eine Aufgabe und mein Selbstwertgefühl steigt.

Ted tut so viel für mich, vor allem ist er mir jedoch ein Freund. Wenn meine Schmerzen schlimmer werden, schmusen wir einfach oder albern rum. *Komm schon, Mum, denk nicht mehr daran. Lass uns lieber was spielen!* Ted ist nicht klar, dass ich eine Behinderung habe. Er weiß nur, dass ich seine Mum bin und ihn liebe.

Wenn ich am Abend die Arme um ihn lege und mich an ihn kuschele, verliert alles andere an Bedeutung. Dann denke ich: *Ich steh das schon durch, weil ich ja dich habe.* Bei ihm fühle ich mich schwerelos, als könnte ich einfach alles schaffen.

Abends geben wir ihm immer einen Hundekuchen, dann weiß er, dass es Zeit fürs Bett ist. Früher konnten Peter und ich immer nur zwei Stunden am Stück schlafen, weil er nachts über mich wachen musste. Das war für uns beide aufreibend. Wenn mein Atem hingegen jetzt aussetzt, ist Teddy da, um den Alarmknopf zu drücken. Deshalb können wir beide beruhigt schlummern.

Es macht einfach Spaß, mit Teddy Zeit zu verbringen. Mit ihm an meiner Seite schwebe ich glücklich durchs Leben. Eine Behinderung zu haben, kann ganz schön am Selbstbewusstsein nagen – die Leute behandeln einen anders, und es gab Zeiten, in denen ich ständig angespannt und traurig war. Aber Teddy hat mir ein Leben ermöglicht, von dem ich früher nur träumen konnte. Das hier ist mein Bericht darüber, wie wir durch Schicksal und viel harte Arbeit zueinandergefunden haben. Es geht darin um zwei ganz besondere Assistenzhunde, und es ist eine Geschichte über Liebe, Hoffnung und Entschlossenheit.

Die Geschichte von Ted und mir.

Kapitel 1

Ein abenteuerlustiges Kind
in einem empfindlichen Körper

Ich wurde mit einer Haut geboren, die nicht für diese Welt gemacht war. Direkt nach meiner Geburt gab es bereits Anzeichen dafür, dass mit mir etwas nicht stimmte. Als die Hebamme nämlich gegen meine Hand stieß, löste sich daran die Haut. Bald wurde deutlich, dass meine Epidermis bei der kleinsten Berührung riss und Blasen warf. Wenn mich jemand hochhob, um mich zu füttern oder anzuziehen, führte das zu hässlichen Wunden, die mir offensichtlich Schmerzen bereiteten und sich häufig entzündeten. Einmal löste sich die Haut unter der Berührung einer Krankenschwester, die mich in meinem Bettchen umdrehen wollte. Die Frau war zu Tode erschrocken, und ich hatte davon noch mit über zwanzig eine handförmige Narbe an der Seite. Kurz nach diesem Vorfall wurde bei mir EB diagnostiziert.

EB ist ein seltenes und schmerzhaftes Leiden. Bei EB-Kranken ist das für Kollagen VII zuständige Gen defekt, deshalb ist die Haut nicht richtig in den tieferen Lagen verankert und löst sich schnell, sowohl außen am Körper als auch auf der Innenseite.

Viele EB-Patienten sterben im Kleinkindalter, und meinen Eltern wurde damals gesagt, dass ich vermutlich kaum eine Woche überleben würde.

Aus diesem Grund wurde ich auch schon mit drei Tagen getauft.

Um meine Haut zu schützen, legte man mich in ein mit Watte ausgepolstertes Bettchen. Wegen dieses Kokons spricht man eben von »Schmetterlingskindern« oder auch »Wattebabys«. Ich hasste das Gefühl und kann Watte bis heute nicht ausstehen.

Epidermolysis bullosa ist erblich, aber das hat uns damals niemand vernünftig erklärt, und deshalb war meine Mutter davon überzeugt, dass ich mich bei der Hebamme angesteckt hatte. Die hatte nämlich durch einen seltsamen Zufall auch einen Sohn mit EB.

Daher hielt ich meine Krankheit später ebenfalls für ansteckend und zog mich zurück, wenn jemand in meinem Umfeld ein Kind bekam. Weil ich mein Verhalten nie erklärt habe, fanden es die Leute wohl ein wenig seltsam.

Meine beiden großen Schwestern haben normale Haut, mein sechzehn Jahre jüngerer Bruder kam allerdings auch mit EB zur Welt. Ich erinnere mich noch genau an den Tag seiner Geburt, weil ich damals nämlich davon überzeugt war, dass er sich bei mir angesteckt hatte. Deswegen plagten mich furchtbare Schuldgefühle.

In meiner Kindheit pilgerte ich von Krankenhaus zu Krankenhaus und wurde als eine Art Ausstellungsstück zu Ärztekongressen mitgenommen, weil EB so selten ist. Davor graute mir jedes Mal.

Als ich etwa sechs Jahre alt war, schickte man mich vor Angestellten aus dem Gesundheitswesen auf eine Bühne, und ein Arzt rieb mir über die Hand, um zu sehen, wie schnell er eine Blase hervorrufen konnte. Er machte immer weiter, bis sich eine an meinem Daumen zeigte. Danach hatte ich eine Riesenangst vor Medizinern.

Die einzige Ausnahme bildete der Hausarzt, zu dem ich von meinem fünften bis siebzehnten Lebensjahr ging. Er hatte nämlich zwei Airedale Terrier, die immer wie Buchstützen links und rechts neben seinem Schreibtisch saßen. Ich durfte sie streicheln und weiß bis heute, wie unglaublich weich ihr Fell war. »Wendy kommt nur wegen der Hunde her!«, sagte meine Mutter einmal. Es war der einzige Arzttermin, auf den ich mich jedes Mal freute.

Im Laufe der Zeit sagte man mir immer mal wieder einen baldigen Tod vorher. Nachdem ich die ersten Tage überstanden hatte, prophezeite man meinen Eltern, dass ich wahrscheinlich meinen vierten Geburtstag nicht erleben würde. Dann hieß es, ich würde vermutlich nicht älter als zehn werden. Als ich groß genug war, um diese Vorhersagen zu verstehen, erfüllten sie mich mit Entsetzen. Ich fragte mich, wie der Tod wohl sein würde, und sah meinem zehnten Geburtstag mit Schrecken entgegen. Aber ich starb an diesem Tag ja gar nicht. Deshalb interpretierte ich es nun so, dass ich vermutlich *mit zehn* sterben würde, also vor meinem elften Geburtstag. Ein ganzes Jahr lang war ich starr vor Angst. Meinen Eltern erzählte ich davon nichts, da ich ja wusste, wie furchtbar der Gedanke an meinen baldigen Tod ohnehin für sie war.

Erstaunlicherweise wurden in unserem Ort drei Babys mit EB geboren – die Ärzte können das kaum fassen, wenn ich es ihnen erzähle. Eins von ihnen, ein kleiner Junge, starb mit achtzehn Monaten. Ich ging oft zu seinem Grab und sprach mit ihm. Keine Ahnung, warum, er tat mir einfach so leid. Egal wie krank er war, er hatte doch sicher nicht sterben wollen.

Ich hatte die ersten Jahre meines Lebens meist in Verbände gewickelt verbracht. Wenn man älter wird, lernt man mit der Krankheit besser umzugehen. Inzwischen bewege ich mich vorsichtiger und denke über jede Geste vorher nach, alles ist präzise und geplant: Wenn ich meine Jacke anziehe, weite ich vorher ein wenig die Ärmel, damit der Stoff auf meiner Haut keine Blasen hervorruft. Um mich im Bett umzudrehen, stehe ich vorsichtig auf und lege mich dann in einer anderen Position wieder hin. Ich muss mir jeden Abend eine Salbe auf die Augen schmieren, sonst kleben die Lider daran fest und werfen Blasen – ein absoluter Albtraum. Alles muss genau abgestimmt werden: Wenn ich mal aus irgendeinem Grund längere Strecken laufe, dann braucht die Haut unter den Füßen danach mehrere Tage, um sich zu erholen.

Das alles erfordert unendliche Konzentration und Übung, was für ein Kind beinahe nicht zu schaffen ist. Deshalb war meine Haut, als ich klein war, ständig zerfetzt und mit Blasen übersät, und ich lief in Verbände gewickelt durch die Gegend.

Ich ging in die Grundschule unseres Ortes, bis mich

dort eines Tages ein Junge zu Boden stieß und sich auf meine Hände stellte. Da muss ich so ungefähr sieben gewesen sein. Weil er sich weigerte, mich gehen zu lassen, zog ich die Hände unter seinen Schuhen weg, sodass sich Haut und Fleisch lösten und man beinahe die Knochen sehen konnte. Der Schmerz ist mir heute noch gegenwärtig. Mit dem Jungen wurde damals allerdings nicht einmal geschimpft, stattdessen informierte die Schule meine Eltern nach diesem Vorfall darüber, dass ich für sie nicht mehr tragbar war. Deshalb mussten Mum und Dad etwas anderes für mich suchen.

Widerstrebend beschlossen sie, mich in ein Internat zu geben, und die Ärzte empfahlen wegen der guten Luft eins in der Schweiz. Das klang für mich ganz wunderbar, da ich *Heidi* gelesen hatte und mir vorstellte, wie ich umgeben von Tieren in einer gemütlichen Berghütte leben würde. Eine Reise in die Schweiz ist bis heute ein Traum von mir. Meiner Mutter war das damals allerdings zu weit weg, deshalb schickte man mich nach Broadstairs in Kent.

Das Internat, das man für mich ausgesucht hatte, war eigentlich eine Schule für Mädchen mit Asthma und Ekzemen, und ich war dort das einzige Kind mit EB. Weil die meisten meiner Mitschülerinnen Atemprobleme hatten, unternahmen wir lange Spaziergänge und hatten oft im Freien Unterricht, da Seeluft als gesund galt. Für mich waren diese Spaziergänge allerdings eine Qual, und meine Füße waren ständig mit Blasen übersät. Einige der Mädchen wachten nachts auf und rangen verzweifelt nach Atem. Dann versuchte ich zu helfen, indem ich mich hinter sie setzte und ihnen gegen den Brustkorb drückte, um die Luft herauszubekommen. Manche Nächte waren so schlimm, dass wir am nächsten Tag völlig gerädert waren.

Das große, von Sträuchern umgebene Internatsgebäude mit dem Gemüsegarten und gepflegten, von Bäumen umstandenen Rasenflächen wirkte idyllisch, die Atmosphäre in der Schule war jedoch kalt. Die Lehrerinnen und Schwestern waren streng, und wir Kinder wurden lediglich als Patienten betrachtet. Liebe gab es dort keine.

Ich mochte das Internat nicht. Anfangs hatte jedoch mal jemand zu mir gesagt, dass meine Eltern mich weggeschickt hatten, weil sie mich zu Hause nicht mehr wollten – angeblich war ihnen das Wechseln der Verbände lästig geworden.

Mir war damals nicht klar, dass Erwachsene nicht immer die Wahrheit sagen, also glaubte ich, was man mir da erzählt hatte. Wenn meine Eltern mich nicht wollten, so dachte ich, dann würde ich mich eben anpassen. Ich konnte ja sonst nirgendwohin. Und deshalb hielt ich den Mund. Ich traf zu Beginn des neuen Halbjahrs in der Schule ein, ging in den Keller hinunter, hängte meine Jacke an ihren Haken und stellte meine Schuhe an ihren Platz. Dann weinte ich so lange, bis keine Tränen mehr übrig waren.

Aber danach stand ich auf und blickte nach vorne. Ich machte das Beste aus dem, was ich hatte. So lernte ich von frühester Kindheit an, dass man für sein Glück selbst sorgen muss. Solange man sich nur um eine positive Einstellung bemühte, konnte man tatsächlich glücklich werden.

Meine Eltern fehlten mir ganz schrecklich. Sie riefen mich jeden Sonntagabend um sechs Uhr an, und ich behauptete immer, dass es mir gut ging und ich glücklich war. Dann legte ich mich ins Bett und redete mit meinem Kuscheltier, einem Plüschpanda. Er übernahm die Rolle meiner Eltern, und ich tat so, als würde ich ihnen endlich erzählen, wie es mir wirklich ging. Meine Mutter schrieb mir jeden Tag, mein Vater zweimal die Woche. Außerdem schickten sie mir Päckchen mit Süßigkeiten, die unter allen Schülerinnen aufgeteilt wurden. Damit konnte ich mich glücklich schätzen, da nicht viele der Mädchen Briefe bekamen, geschweige denn Pakete.

Nach dem Essen mussten wir uns draußen auf dem Spielplatz auf Feldbetten ausruhen. Das galt bei jedem Wetter, außer bei Regen. Nach diesem Mittagsschlaf stellten wir uns in einer Reihe an und bekamen jede eine Süßigkeit. Während wir die aßen, las die jeweilige Betreuerin den Brief vor, den meine Eltern an diesem Tag geschickt hatten. Mir machte es nie etwas aus, die Briefe oder Süßigkeiten mit den anderen zu teilen. Ehrlich gesagt gefiel es mir, dass die anderen Mädchen auf diese Weise meine Familie kennenlernten.

Meine Mutter hatte viel zu tun, weil sie Vollzeit arbeitete, trotzdem fand sie täglich Zeit, um mir zu schreiben. Mein Vater schickte einen jungen Mann namens Pip gegen Feierabend immer ein paar Minuten früher nach Hause, damit er unterwegs noch rechtzeitig die Briefe einwerfen konnte.

An den Besuchstagen kamen Mum und Dad immer zusammen vorbei, und irgendwie schienen wir ausnahmslos gutes Wetter zu erwischen. Deshalb nannte mein Vater diese Tage die »sonnigen Wendy-Besuchstage«.

Als ich etwa neun Jahre alt war, nahm mich meine Mutter an einem solchen Tag in einen Süßigkeitenladen mit, wo ich mir etwas aussuchen durfte. Ich entschied mich für zwei Karamellriegel und ging damit zur Kasse. Als ich dem Mann dort jedoch mein Geld reichte, regte der sich furchtbar auf und beschimpfte meine Mutter: »So ein Kind darf man doch nicht in die Öffentlichkeit lassen! Nicht mit solchen Händen!« Ich trug zwar Verbände, vermutlich konnte man die aufgerissene Haut darunter aber erkennen.

Während der nächsten zehn Jahre verließ ich deshalb das Haus nicht mehr ohne Handschuhe, da ich es nicht ertragen konnte, dass jemand meine lädierte Haut anstarrte.

Das Schlimmste am Internat war für mich, dass es dort keine Tiere gab. Die waren für mich nämlich das Größte. Meine Eltern hatten sich kurz vor meinem Umzug ins Internat einen Labradorwelpen namens Sammy zugelegt, einen ruhigen, sanften Hund, den ich absolut vergötterte.

Wenn Mum oder Dad mit ihm spazieren gingen, zog er oft an der Leine. Bei mir fühlte er sich jedoch so wohl, dass er einfach an meiner Seite blieb. Manchmal kaufte ich ihm im Laden eine Dose Hundefutter. Da meine Hände aber nicht kräftig genug waren, um sie zu halten, trug er sie einfach im Maul. Er war mein bester Freund.

Wenn ich aus dem Internat nach Hause kam, schnappte

ich mir Sammy und verschwand mit ihm im Moor in der Nähe meines Elternhauses. In seiner Gesellschaft fühlte ich mich völlig geborgen und lachte glücklich, wenn er sich im Matsch wälzte oder in Tümpeln plantschte. Er sah so gerne den winzigen Fischen zu, die vorbeischwammen – sie faszinierten ihn.

Zum Teil zogen mich Tiere vermutlich deshalb magisch an, weil sie so verletzlich waren wie ich. Immer wieder rettete ich Schnecken, Frösche oder Insekten und nahm sie mit in die Schule. Einmal entdeckte ich im Gebüsch ein Fledermausjunges, das ich retten wollte und in die Tasche meiner Schürze schob. Ich wusste nicht viel über Fledermäuse, nur dass sie es gern feucht hatten. Als alle schlafen gingen, schlich ich deshalb im Schutz der Dunkelheit ins Bad, ließ ein wenig Wasser in die Wanne und legte das kleine Ding hinein.

Dann ging ich ins Bett, wurde aber irgendwann von einem Schrei wieder aufgeweckt, der mir durch Mark und Bein ging. Die Lehrerin, die Aufsicht hatte, rief: »Wendy, wo steckst du? Was um alles in der Welt ist das hier in der Badewanne?« Sie wusste ganz genau, dass unter den sechzig Mädchen nur ich als Verantwortliche infrage kam, da außer mir niemand so verrückt nach Tieren war.

Am Sonntag gingen wir zur Kirche und durchquerten dafür zu Fuß den Ort. Dabei kamen wir jedes Mal an einer Mauer entlang, die unten ein Loch hatte. Ich hielt mich in der Gruppe immer hinten, weil ich Angst hatte, jemand könnte mir in die Fersen treten und damit meine Haut zerfetzen. Beim Erreichen der Mauer vergrößerte ich den Abstand zu den anderen, kniete mich hin und schaute durch die Öffnung. Auf der anderen Seite waren die zauberhaften grauen Beine eines Ponys zu sehen.

Jeden Sonntag kniete ich mich dafür hin, und jeden Sonntag bekam ich später Ärger, weil mein Kleid so schmutzig war. Ich weiß nicht, warum ich von jenem Pferd so fasziniert war. Vielleicht deswegen, weil es allein war, genau wie ich.

Ich beschloss herauszufinden, was auf der anderen Seite der Mauer lag und wie dieses Pony im Ganzen aussah. Wahrscheinlich hoffte ich insgeheim, dass ich es aus dem Stall befreien und mit ihm ausreißen könnte.

Zweimal versuchte ich darum, aus dem Internat auszubüchsen, wurde aber beide Male erwischt. Beim dritten Mal nahm ich zwei Freundinnen mit, Mary und ein anderes Mädchen, das ebenfalls Wendy hieß. Wir kamen nur bis zum Tor, da erschien das Auto der Rektorin, und wir erstarrten im Scheinwerferlicht. Die beiden anderen durften ins Bett gehen, mich schickte man jedoch in ihr Büro hinauf.

»So geht das einfach nicht weiter, Wendy«, sagte die Schulleiterin zu mir. »Wenn du so unglücklich bist, dann kann ich deine Eltern bitten, auch außerhalb der üblichen Besuchszeiten vorbeizukommen. Würde dir das vielleicht helfen?«

»Wie bitte? Wie soll mir das denn helfen?«

»Na ja, vielleicht wird dann dein Heimweh besser. Deshalb läufst du doch weg, oder? Weil du zu deinen Eltern willst?«

»Oh nein«, antwortete ich. »Ich möchte doch nur das Pferd im Dorf sehen.«

Ich war immer ein unsicheres, ruhiges Kind, das die meiste Zeit einfach nur dasaß und tat, was man ihm sagte. Ich hatte allerdings auch eine freche Seite, die mein Vater noch unterstützte. Einmal schickte er mir ein Paket mit einer Puppe in die Schule. Das verstand ich nicht, für Puppen hatte ich nämlich nicht viel übrig, und das wusste Dad auch. Die Beine der Puppe waren mit einem Gummiband befestigt, und als ich daran zog, lösten sie sich. In der Puppe war eine Taschenlampe versteckt! Im Internat mussten wir nämlich im Winter wie im Sommer um sieben Uhr ins Bett und durften bis zum nächsten Morgen nicht einmal mehr miteinander tuscheln. Dad wusste, wie schwer mir das fiel, darum schickte er mir diese Taschenlampe, damit ich unter der Bettdecke lesen konnte. Beim nächsten Besuchstag fragte er mich dann, wie lange ich gebraucht hatte, um die Lampe zu finden, und wir lachten alle über die Geschichte.

Ich hatte immer schon eine lebhafte Fantasie gehabt und dachte mir jede Menge Quatsch aus. Eines Tages hatte ich eine geniale Idee: Wir würden eine Mitternachtsparty feiern! Gab es denn etwas Schöneres? Ich wies die Mädchen aus meinem Schlafsaal an, ihr Sandwich vom Nachmittagstee für die nächtliche Party aufzuheben. Da wir alle eine Schürze mit Taschen trugen, war es nicht schwierig, es am Personal vorbeizuschmuggeln.

An jenem Abend knisterte die Luft vor Spannung. Wir

schlossen unser Sandwich im Spind ein und verbrachten den Abend damit, uns im Flüsterton Gespenstergeschichten zu erzählen. Aber es war spät, wir wurden müde und schliefen irgendwann einfach ein. Entsetzt versuchten wir dann am nächsten Morgen, die eingetrockneten Sandwiches in der Toilette herunterzuspülen. Das dauerte eine Ewigkeit, und wir kamen alle zu spät zum Frühstück.

Als abenteuerlustiges Kind in einem empfindlichen Körper wollte ich nur ungern akzeptieren, dass ich an den Spielen anderer Kinder nicht teilnehmen konnte. Ich versuchte es mit Tennis, bekam vom Halten des Schlägers jedoch riesige schwarze Blasen an den Händen. An Hockey war nicht einmal zu denken, und ich war ehrlich gesagt erleichtert, als ich sah, wie groß und schwer die Hockeyschläger waren.

Untätig herumzusitzen, war für mich eine Qual und ist es immer noch. Deshalb blieb ich nur ungern zurück, während die anderen Kinder zum Sport gingen. Und dann gab man mir während der Wartezeit auch noch Milch zu trinken, die den ganzen Tag im Warmen gestanden hatte, weshalb ich bis heute den Geschmack von warmer Milch nicht ertragen kann und mir selbst beim Gedanken daran schlecht wird.

Eine Aktivität gab es allerdings, an der ich teilnehmen konnte: den Tanzunterricht. Für meine Füße war er zwar die reinste Qual, er war es aber auf jeden Fall wert. Meine Mutter unterrichtete Gesellschaftstanz, und ich hatte ihr immer so gerne dabei zugesehen, wie sie in ihren wunderschönen Kleidern mit glänzenden Pailletten über die

Tanzfläche glitt. Der Mann, der den Unterricht mit ihr zusammen leitete, hatte einen Hund. Neben dessen Körbchen hockte ich dann, schaute zu und wünschte mir, ich könnte mitmachen. Wenn alle Schüler gegangen waren, legte Mums Tanzpartner Musik auf, stellte mich auf seine Füße und tanzte mit mir durch den Saal. Das war wundervoll, und ich kam mir vor wie eine Prinzessin.

Im Internat lehrte man Tanz nach der *Margaret-Morris-Methode*, die freien Ausdruck bestärkte. Das fand ich unglaublich toll, und ich wäre gerne Tänzerin geworden, wenn meine Füße dafür nur robust genug gewesen wären. Wenn ich meiner Schwester Mary heute beim Tanzen zusehe, versetzt mich das in jene Zeit zurück.

An einem sonnigen Tag hatten wir gerade bei weit offenen Fenstern im Gemeinschaftsraum Tanzunterricht, da geschah etwas Unfassbares: Unser Hund Sammy sprang durchs Fenster herein und lief zwischen allen Mädchen hindurch direkt auf mich zu. Zunächst ignorierte er meine Mitschülerinnen und schmuste nur mit mir, schließlich durften ihn aber alle streicheln. Das war kein planmäßiger Besuchstag, deshalb hatte ich mit meinen Eltern überhaupt nicht gerechnet. Ich vergrub das Gesicht in Sammys Fell und weinte vor Glück. Diesen Augenblick würde ich für den Rest meines Lebens nicht vergessen.

Ich wollte immer schon mehr machen, als ich eigentlich sollte. Und wenn mir etwas wirklich wichtig war, nahm ich dafür auch Verletzungen in Kauf. Einmal erlaubte mir meine Tante, ein Kaninchenjunges zu halten. Es sprang mir aus der Hand und riss mir dabei die Haut von den Fingern. Alle waren furchtbar entsetzt, ich freute mich jedoch nur über den schönen Moment mit dem Tierbaby.

Irgendwann wurde mir klar, dass andere Leute vor meinen Wunden viel größere Angst hatten als ich selbst. Ich wägte ab, ob es mir die Sache wert war, und betrachtete mögliche Folgen danach mit ganz anderen Augen.

Im Internat fand der Unterricht wegen der Atemprobleme meiner Mitschülerinnen meist im Freien statt, deshalb brachte man uns eines Tages zum Strand hinunter. Dort wollte ein freundlicher Herr gerne dafür bezahlen, dass wir alle eine Runde auf einem Esel reiten durften. Ich konnte es nicht fassen, das war ja fast so gut wie ein Ritt auf dem grauen Pony. Hier ging für mich ein Traum in Erfüllung!

»Die anderen dürfen gerne, Wendy aber nicht«, entschied allerdings die Lehrerin. »Sie hat nämlich eine andere Krankheit und würde sich dabei nur verletzen.«

Ich war am Boden zerstört und verlegte mich aufs Betteln.

»Nein, Wendy, das geht einfach nicht«, sagte sie. »Damit machst du dir nur die Haut an den Beinen kaputt.«

»Das klappt schon irgendwie! Meine Haut ist kräftig genug, versprochen! Bitte, bitte, lassen Sie mich doch auch!«

Während sie mich zweifelnd ansah, legte ich inständiges Flehen in meinen Blick.

»Tja, es sieht wohl so aus, als würde es ihr schlechter bekommen, wenn sie nicht darf«, bemerkte der Mann.

Meine Lehrerin seufzte. »Na gut, dann mal los«, gab sie nach.

Und wie ich mir damit die Haut kaputt machte! Der Sattel riss sie mir regelrecht von den Beinen, ich sagte aber kein Wort, auch nicht, als beim Weg zurück jeder Windhauch auf meinem rohen Fleisch schmerzte.

Später rechnete ich eigentlich mit einer Standpauke, als die Hausmutter mir die Beine bandagierte. Die Frau lächelte jedoch nur und sagte: »Ich hoffe, der Esel war es wert.« Und ob er das war!

Als ich ungefähr dreizehn war, gingen meine Eltern mit mir an einem der Besuchstage in einen schönen Park in Herne Bay. Ich konnte nicht besonders weit laufen, deshalb blieb ich mit Sammy sitzen und kuschelte mit ihm, während Mum und Dad einen Spaziergang machten. Ich schüttete dem Hund mein Herz aus und erzählte ihm, dass ich ihn und meine Familie so sehr vermisste, aber nicht nach Hause zurückkonnte, weil meine Eltern mich dort nicht wollten.

Ehe ich mich versah, schloss mein Vater mich in die Arme, und meine Mutter stand weinend daneben. Sie waren noch nicht weit weg gewesen und hatten mit angehört, was ich Sammy anvertraut hatte.

»Aber natürlich lieben wir dich. Wir dachten doch, du wärst im Internat glücklich!«, beteuerte Mum. »Wenn du zu Hause bist, bekommen wir dich ja kaum zu Gesicht, und du scheinst dich jedes Mal so zu freuen, wenn es zurück in die Schule geht.«

»Aber damit reicht es jetzt, du kommst sofort mit nach Hause!«, versetzte mein Vater.

Letztlich beschlossen wir, dass ich wenigstens das Halbjahr dort zu Ende machen würde. Es erschien uns den anderen Mädchen gegenüber nicht fair, wenn ich einfach so verschwinden würde. Für mich war es das längste Halbjahr meines Lebens. Inzwischen wünschte ich wirklich, ich hätte mich meinen Eltern früher anvertraut. Wahrscheinlich hatte ich einfach Angst, dass sie dann bestätigen würden, was man mir gesagt hatte. Und ich hätte es nicht ertragen können, aus ihrem Mund zu hören, dass sie mich nicht wollten.

Kapitel 2

Tierliebe

Ich werde niemals den Tag vergessen, an dem ich zum ersten Mal einen Golden Retriever gesehen habe.

Damals war ich sieben und wie immer am Sonntag bei meiner Großmutter zu Besuch. Während Dad auf dem Sofa ein Nickerchen machte, bastelte ich zusammen mit meiner Schwester Mary. Da ging plötzlich die Tür auf, und vier strahlende Wesen stürmten herein. Es kam mir vor, als hätte sich der Raum plötzlich mit Licht gefüllt.

Oh, sie waren so schön! Wie gebannt starrte ich die Golden Retriever an, die durch den Raum stolzierten und sich mit ihrem leuchtenden, glänzenden Fell brüsteten. Und dann hörte ich meine Tante Gwen sagen: »Oh, Entschuldigung, ich wusste nicht, dass Wendy hier ist!« Die wunderschönen goldenen Wesen verschwanden wieder, und die Tür fiel hinter ihnen zu.

Tante Gwen war Züchterin, sie verkaufte die Welpen ihrer vier Golden-Retriever-Hündinnen und ihres Zuchtrüden. Wenn sie zu Oma kam und ich dort auch zu Besuch war, durften die Hunde nicht in meine Nähe. Eines Tages jedoch flehte ich meine Tante an, sie einmal streicheln zu dürfen. Ich kann mich immer noch an das weiche goldene Fell unter meinen Fingern erinnern: Es war absolut magisch.

Da ich die Tiere so offensichtlich vergötterte, fragte mich Tante Gwen eines Tages, ob ich vielleicht gern mit ihr zu einer Hundeshow gehen wollte. Nichts hätte ich lieber getan! Ich begann, sie regelmäßig zu begleiten, und verbrachte deshalb oft Zeit bei ihr und Onkel Fred. Die beiden waren die einzigen Menschen, die mich ganz normal behandelten. Sie machten nie viel Wirbel um mich oder ermahnten mich, vorsichtig zu sein. Und deshalb besuchte ich sie unheimlich gerne. Onkel Fred war Maler und Dekorateur. Einmal ließ er mich ihm dabei helfen, einen Fensterrahmen zu streichen. Später verriet mir Tante Gwen, dass ich als Einzige im Haus außer Fred seine Pinsel benutzen durfte.

Ihre Hunde taten mir nie weh, sie waren lebhaft, aber sanft. Wenn sie Welpen hatten, ging ich in Begleitung von Gwens Sohn Michael mit ihnen Gassi. Inmitten einer Schar von kleinen Hündchen dahinzuschreiten, war einfach himmlisch! So ein Spaziergang stellte meine Füße zwar auf eine harte Probe, aber das war es mir wert.

Ich half auch dabei, die älteren Hunde zu kämmen, und ging mit zu Hundeshows. Weil ich mich mit solcher Leidenschaft um sie kümmerte, fassten die Tiere Vertrauen zu mir und mochten mich. Tante Gwen schlug vor, dass wir bei den Shows immer abwechselnd bei unseren Hunden blieben, damit jeder von uns auch mal zusehen konnte. Das war mir völlig egal, ich hätte ihren Golden Retrievern auch den ganzen Tag Gesellschaft geleistet. Wenn dann ihr Auftritt anstand, musste ich mich verstecken – ich hatte so viel mit ihnen geschmust, dass sie bei meinem Anblick sonst die Show vergessen hätten und einfach zu mir gelaufen wären. Aber natürlich linste ich aus meinem Versteck zu ihnen herüber. Ich fand es großartig, sie mit glücklich wedelndem Schwanz prahlen zu sehen.

Als ich fünfzehn war, fuhr meine Tante mit mir und ihrem Hund Camrose Gay Delight of Sladeham zur *Crufts*-Show in London. Dort kuschelte ich die ganze Zeit mit Gay, wenn er nicht gerade einen Auftritt hatte. Tante Gwens Hunde fanden die Hundeshows so fantastisch, dass sie schon ganz aufgeregt wurden, wenn sie nur die Tasche mit den nötigen Utensilien entdeckten. Ich glaube, die meisten Golden Retriever sind einfach furchtbare Angeber und lieben die Aufmerksamkeit.

Und ich liebte es, sie so glücklich zu erleben. Sie strotzten geradezu vor Zufriedenheit. Allerdings habe ich auch noch nie einen traurigen Golden Retriever gesehen. Diese Hunde haben einfach einen sehr gefälligen Charakter – sie wollen es allen immer recht machen. Und dann diese Farbe, dieses glänzende Gold! Ich war Hals über Kopf in sie verliebt.

Nach dem Internat kam ich mit vierzehn an eine weiterführende Schule. Damals gingen meine Mitschülerinnen schon seit Jahren zusammen in dieselbe Klasse, außerdem war ich immer noch in Verbände gehüllt – ich muss wohl wie eine Mumie ausgesehen haben. Nur ein Mädchen namens Rose war nett zu mir. Rose verstand, was es mit meiner Haut auf sich hatte, und passte gut auf mich auf.

Im Treppenhaus hielt sie sich immer hinter mir, damit ich im Gedränge nicht von Schultaschen getroffen wurde. Wir hatten so eine enge Verbindung zueinander, dass es uns einfach gut ging, wenn wir zusammen waren. Rose war mir im Laufe der Jahre eine wunderbare Freundin.

Zum Glück hatte ich außerhalb der Schule ein erfülltes Leben. Obwohl ich mein Herz für Golden Retriever entdeckt hatte, war ich vor allem immer noch verrückt nach Pferden und wollte unbedingt selbst eins haben. Bei uns im Ort stand sogar eins, ein Rappe namens Valentino mit einem herzförmigen weißen Abzeichen auf der Stirn. Meine Mutter hatte gerade erst meiner Schwester Mary ein Fahrrad gekauft, darum bat ich sie, nun mir Valentino zu schenken.

»Ach nein, Wendy!«, lautete ihre Antwort. »Fahrräder muss man nicht füttern, Pferde aber schon.«

Na gut, dachte ich, *dann fang ich wohl mal besser an zu sparen.*

Ich schnitt ein Loch in eine leere Pralinenschachtel und klebte mit Tesafilm eine Klappe darüber. Das war meine Spardose, in der ich Geld für ein Pony zurücklegte. In der Zwischenzeit wollte ich erst einmal reiten lernen.

Deshalb ging ich zur örtlichen Reitschule, wo ich aber niemandem von meiner Krankheit erzählte. Es gab dort im Stall ein ganz ruhiges Pferd namens Robin, und ich war mir sicher, dass ich auf ihm ohne allzu viel Schaden für meine Haut reiten konnte.

Damals trug ich immer noch täglich Handschuhe, deswegen wusste niemand, wie schlimm meine Hände aussahen.

Von nun an lebte ich nur noch für die Reitstunden. Ich bekam zwei Schilling und sechs Pence Taschengeld, der Unterricht kostete aber das Doppelte. Anstatt einfach alle zwei Wochen zu gehen, arbeitete ich lieber im Gegenwert für die Stunde auf dem Reiterhof, säuberte Sättel und Zaumzeug und mistete Ställe aus.

Eines Tages kam ich zur Reitstunde, und es war nur noch ein besonders wildes Pferd namens Black Magic frei. Man schrieb mir die Arbeit in den Ställen nicht auf Dauer gut – wenn ich an dem Tag nicht mitmachte, war meine Chance auf einen Ritt für diese Woche vertan, und das konnte ich einfach nicht ertragen. Ich wollte auch keine Sonderbehandlung, deshalb beschloss ich, es mit Black Magic zu versuchen.

Als wir die Straße erreichten, wurde mir aber klar, dass ich überhaupt keine Kontrolle über das Tier hatte. Black Magic zerrte an den Zügeln, und meine Hände brannten vor Schmerz. Als wir dann an ein Feld kamen, stieg Panik in mir auf. Ich wusste ganz genau, dass dieses Pferd niemals auf mich hören würde, wenn wir erst einmal über die Felder ritten. Daher tat ich das meiner Meinung nach einzig Vernünftige, scherte aus der Gruppe aus und lenkte das Tier zurück zum Stall.

Dort nahm ich Black Magic den Sattel ab und band ihn an, damit ihn jemand in seine Box brachte, während ich mich fragte, was ich jetzt tun sollte. Da meine Handschuhe inzwischen blutgetränkt waren, konnte ich wohl kaum mit meinem Fahrrad zurück nach Hause fahren.

Als der Reitlehrer zurückkehrte, schäumte er vor Wut. Er konnte einfach nicht fassen, dass ich allein zurückgeritten war, und erklärte, dass ich nie wieder zum Unterricht kommen durfte, wenn ich dabei die Anweisungen nicht befolgte. Ich wusste nicht, was ich sagen sollte. Ehrlich gesagt war ich drauf und dran, mich einfach umzudrehen und zu gehen, aber ich wollte keinen schlechten Eindruck hinterlassen. Deshalb zog ich die Handschuhe aus und zeigte ihm, warum ich eigenmächtig die Gruppe verlassen hatte. Wo noch Hautfetzen übrig waren, waren meine Hände mit schwarzen Blasen übersät.

Der Lehrer war entsetzt.

»Aber wie kannst du denn nur reiten, wenn du dir damit so wehtust?«, fragte er.

»Das ist es doch gerade«, erwiderte ich. »Ich kann nicht reiten, ohne mir wehzutun, aber ich kann das Reiten auch einfach nicht lassen.«

»Warum hast du uns denn nichts davon erzählt?«

»Weil ich keine Extrawurst wollte.«

Er musste mir versprechen, niemandem davon zu erzählen. Mein Vater holte schließlich mich und mein Fahrrad ab und sagte: »Du musst dir darüber klar werden, was du tun kannst und was nicht. Du bist wirklich mutig, manchmal mutiger, als du wohl selbst weißt, aber du musst unbedingt vorsichtiger werden.«

Pferde lagen mir jedoch im Blut, deshalb würden mich auch Verletzungen und Schmerzen nicht aufhalten.

Inzwischen war ich sechzehn, und in der Schule standen meine Abschlussprüfungen an. Ich hatte alle mit relativ guten Noten überrascht, obwohl im Internat ja kaum geregelter Unterricht stattgefunden hatte, weil die Gesundheit der Schülerinnen im Vordergrund gestanden hatte.

Meine Schwester hatte gerade mit dem Studium angefangen, und Mum sagte zu mir: »Wenn du die Prüfungen bestehst, kannst du auch zum College, so wie Mary.«

Zur Hölle mit dem College!, dachte ich. Auf noch mehr Lernen hatte ich nun wirklich keine Lust. Ich konnte den Gedanken nicht ertragen, in einer weiteren Institution eingesperrt zu sein. Stattdessen wollte ich den Unterricht endlich hinter mir lassen und arbeiten, damit ich für mein Pony sparen konnte. Ich beschloss, bei den Prüfungen so eine schlechte Leistung abzuliefern, dass ich mit Sicherheit durchfallen würde.

In der ersten Prüfung ging es um englische Literatur, und ich weigerte mich, auch nur ein einziges Wort zu schreiben. Stattdessen legte ich einfach den Stift hin und lehnte mich auf meinem Stuhl zurück. Nach Ablauf der Zeit rief mich der Schulleiter in sein Büro und wollte wissen, was ich mir bloß dabei gedacht hatte.

»Ich hab keine Lust aufs College«, erklärte ich. »Ich war sieben Jahre im Internat und hab die Nase von solchen Institutionen voll. Deshalb will ich endlich anfangen zu leben. Ich möchte arbeiten und mir mein eigenes Pony kaufen.«

Er seufzte. »Na ja, in gewisser Hinsicht kann ich dir das kaum verübeln.«

Es galt als selbstverständlich, dass ich niemals dazu in

der Lage sein würde zu arbeiten. Mein Arzt hatte mir einmal erklärt, dass ich viel zu viel Zeit im Krankenhaus verbringen würde und mich krankschreiben lassen müsste, wenn meine Blasen sich entzündeten und schmerzten. Aber ich hatte damals bereits gelernt, dass ich nicht immer darauf hören musste, wenn andere mir etwas nicht zutrauten. Wenn die Prophezeiungen der Ärzte bis dahin gestimmt hätten, dann wäre ich zu diesem Zeitpunkt ja bereits nicht einmal mehr am Leben.

Und ich wollte schließlich ein Pony, daher musste ich mein eigenes Geld verdienen.

Nachdem ich eine Anzeige der Post entdeckt hatte, bewarb ich mich dort als Telefonistin, ohne es meiner Mutter zu sagen. Ich wurde tatsächlich genommen und begann meine Ausbildung für die Stelle, obwohl es im Nachhinein das Schlimmste war, was ich hätte tun können. Dafür musste man nämlich Kopfhörer aus Plastik tragen, und die waren damals so schwer, dass sich darunter die Haut von meinen Ohren löste.

Ich versuchte, Schaumstoff hineinzukleben, das machte es aber auch nicht viel besser. Deshalb war meine Arbeit wirklich schmerzhaft, ich dachte aber an nichts anderes als an mein Pony. Ich war davon wie besessen und sparte daher jeden Penny, während die anderen Mädchen ihr Gehalt für Kleider und Make-up ausgaben.

Sechs Monate später sah ich eine Anzeige für ein nicht eingerittenes Welsh-Pony. Weil ich statt der verlangten achtundvierzig Pfund nur achtundvierzig Guineen hatte, lieh mir meine Mutter den Rest.

Als sie dann jedoch sah, wie wild das Pony war, bekam sie es mit der Angst zu tun und wollte nicht, dass ich es ritt. In der Hoffnung, dass er mir das Reiten verbieten würde, vereinbarte sie für mich einen Termin bei einem Dermatologen in London.

Zu dem Termin begleiteten mich meine Eltern und mein kleiner Bruder, der damals noch ein Baby war. Vorher gingen wir in den Londoner Zoo, wo mein Vater für mich einen Rollstuhl holte. Ich weigerte mich jedoch, mich da hineinzusetzen, und marschierte lieber mit wunden, blutenden Füßen durch den Tierpark. Da hätte meiner Mutter eigentlich klar werden müssen, dass ich wohl kaum auf den Arzt hören würde.

Aber als wir ihn dann aufsuchten, überraschte uns sein Urteil ohnehin.

Mum erklärte ihm, dass ich ein wildes Pony gekauft hatte und sie mir das Reiten darauf verbieten wollte.

»Lassen Sie sie es doch versuchen«, schlug der Mediziner vor. »Das ist besser, als sie in Watte zu packen. Wenn ihr erst klar wird, welche Schmerzen sie sich damit zufügt, wird sie schon von selbst aufhören.«

Tja, der gute Mann kannte mich eben nicht! Meine Mutter sah ihn zweifelnd an.

»Viele Leute mit EB sitzen im Rollstuhl und können nicht einmal davon träumen, zu reiten oder andere Dinge zu tun, die Wendy machen möchte«, fuhr der Dermatologe fort. »Es ist doch toll, dass sie Sachen ausprobieren will. Lassen Sie sie es doch versuchen.«

Im Nachhinein finde ich, der Arzt hat den Nagel auf

den Kopf getroffen und exakt benannt, warum ich immer wieder Sachen vorhatte, die ich in den Augen anderer nicht konnte. Für mich war es wichtig, mich der Krankheit nicht zu ergeben, deshalb musste ich meinen eigenen Weg finden, mit dem Schmerz umzugehen. Für mich ging es darum, nicht aufzugeben, mich lebendig zu fühlen. Es kam mir vor, als wäre da etwas hinter mir her, das mich einholen würde, wenn ich stehen blieb.

Und in dieser Hinsicht habe ich mich nicht verändert: Ich bin heute immer noch genauso ein Dickkopf. Wenn mir jemand erklärt, dass ich etwas nicht kann, dann will ich es erst recht.

Ich nannte das Pony Frisky, und obwohl man mir beim Verkauf versichert hatte, es sei vier Jahre alt, fand ich später heraus, dass es erst zwei war.

Es war ein Apfelschimmel mit weißem Schweif und weißer Mähne – meine Mutter fand, es sah aus wie ein Zirkuspony. Ich ritt Frisky selbst ein, obwohl dafür Sattel und Steigbügel mit Schaffell umwickelt werden mussten. Bei Sonne und Regen fuhr ich kilometerweit mit dem Fahrrad, nur um ihn zu sehen. Damals lebte ich ausschließlich für das Reiten und hatte nichts als Pferde im Kopf.

EB zu haben, kann ganz schön am Selbstvertrauen kratzen, weil einen die Leute einfach anders behandeln.

Manchmal reden sie mit dir, als wärst du beschränkt, oder ekeln sich vor deiner Haut. Zu jener Zeit konnte ich die Erinnerung an den Mann im Süßigkeitenladen immer noch nicht abschütteln. Nur in der Gesellschaft von Tieren hatte ich das Gefühl, dass mit mir alles okay war, dass ich einen Platz in der Welt hatte, ein Recht, da zu sein. Viele Leute hatten Angst vor Pferden, ich jedoch konnte sie reiten. Nur bei ihnen hatte ich das Gefühl, dass ich ich selbst sein durfte.

Letztlich verkaufte ich Frisky irgendwann. Eigentlich war ich für ihn sowieso immer zu groß gewesen – zum Glück wog ich damals nicht viel.

Er gewann dann später einmal bei der Show zum Pferd des Jahres in White City. Ich sah ihn erst nach fünfzehn Jahren wieder, als er bereits ein kleiner runder Mops war, und außerdem schneeweiß. Bis dahin hatte ich nicht gewusst, dass die meisten Apfelschimmel mit dem Alter ihre Flecken verlieren. Frisky schien sich nicht mehr an mich zu erinnern, aber ich unterhielt mich lange mit ihm und seinen Besitzern.

Nach ihm hatte ich mehrere Pferde, die aus schlechter Haltung gerettet worden waren. Die nahm ich auf, päppelte sie wieder hoch und verkaufte sie dann an liebevolle Hände weiter.

Dann hörte ich von Jack, den seine Besitzer loswerden wollten, weil er Probleme machte. Offenbar scheute er bei jeder Kleinigkeit.

Als ich ihn das erste Mal sah, war mir sofort klar, was die Besitzerin gemeint hatte: Er war wirklich lebhaft, und das war noch untertrieben. Am Anfang ließ er mich nicht einmal aufsitzen, und ich konnte ihn auch sonst zu nichts bewegen.

»Na, komm schon, lass uns doch durch das Tor gehen«, redete ich ihm beruhigend zu, aber er weigerte sich. Nach und nach lernte ich, dass ich nicht vor ihm hergehen und ihn mitzerren durfte. Wenn ich an seiner Seite blieb und neben ihm durch das Tor schritt, war das für ihn in Ordnung. Jack ließ sich eben nicht gern zu etwas zwingen.

Und wenn er durchging, dann ging er eben durch, das akzeptierte ich mit der Zeit. Bei einem Ausritt rannte er mit mir im Sattel einmal quer über die Straße neben seiner Weide. Es war Samstag, und die Lieferwagen drängten sich auf dem Weg zum Markt, deshalb dachte ich schon, mein letztes Stündlein hätte geschlagen.

Wenn man versuchte, Jack irgendwohin zu lenken, wurde er normalerweise schneller und lief in die genau entgegengesetzte Richtung. Dabei legte er sich in die Kurve wie ein Motorradfahrer, was ziemlich Furcht einflößend war.

Mein Vater hatte da einen Vorschlag: »Treib ihn doch einfach immer weiter an, wenn er scheut, und guck mal, was er dann macht.« Das versuchte ich beim nächsten Mal, und es funktionierte. Jack war immer nur deshalb durchgegangen, weil er genau wusste, dass er es nicht sollte. Sobald ich ihn dabei noch ermunterte, wurde er sofort langsamer.

Als ich diesen Wildfang etwa achtzehn Monate hatte, wurden aus dem Stall alle Sättel gestohlen. Bis ich das Geld für einen neuen Sattel zusammenhatte, verging ein halbes Jahr, deshalb musste ich in der Zwischenzeit eben ohne Sattel reiten. Es war gar nicht so einfach, mich auf dem Pferderücken zu halten, aber es machte eine bessere Reiterin aus mir. Ohne Sattel spürt man das Tier einfach besser und kriegt mit, was es gerade denkt. So ist das mit Ted heute auch: Wenn er sich an mich lehnt, verrät mir sein Körper, was er als Nächstes tun wird. Vielleicht waren diese Ausflüge ohne Sattel nicht unbedingt vernünftig, aber Reiten war eben das Einzige, was mich glücklich machte.

Jack war ein kleiner Teufel – und genau deshalb liebte ich ihn abgöttisch. Ich bewunderte sein Temperament. Er war stur und machte die Dinge gern auf seine Weise – genau wie ich, würde ich mal sagen. Und unter der rauen Schale steckte ein äußerst loyaler Kern. Eigensinn und Loyalität, das sind ebendie Qualitäten, die ich viele Jahre später auch an Ted so lieben würde.

Kapitel 3

Ein lebensgefährlicher Fehler

Im Mai 1970 war ich gerade einundzwanzig geworden und glücklich. Mittlerweile arbeitete ich für das Verkehrsministerium im Bereich Straßenplanung und war immer noch eng mit Rose befreundet – wir machten alles gemeinsam. Wenn ich mit Jack ausritt, fuhr sie mit dem Rad neben uns her. Wir gingen auch zusammen tanzen und sangen in dem Ort, in dem sie lebte, im Kirchenchor.

Nach und nach wuchs mein Selbstbewusstsein, und inzwischen hatte ich sogar einen Freund. Er hatte mich dazu gebracht, nicht jedes Mal Handschuhe anzuziehen, bevor ich das Haus verließ. Wir trennten uns schließlich, als man ihm eine Arbeit in Neuseeland anbot.

Vor seiner Abreise dorthin tauchte er jedoch noch einmal bei mir zu Hause auf und bat mich, mit ihm zusammen auszuwandern. Aber ich konnte nur daran denken, dass Jack ohne mich nicht mehr klarkommen würde. Irgendwann sagte er dann: »Dein Pferd ist dir wohl viel wichtiger als ich!« Dem konnte ich leider nicht widersprechen, und er stürmte davon, womit die Sache endgültig vorbei war. Aber das durch ihn gewonnene Selbstbewusstsein blieb, und ich zeigte endlich auch außerhalb meiner vier Wände meine Hände.

Rose hatte geheiratet und lebte nun in Shropshire, wo ihr Ehemann Malcolm Agrarwissenschaften studierte. Eines Tages besuchte ich die beiden mit meinem neuen Freund, und Rose und ich kochten am Mittag für uns alle.

Wir entschieden uns für Indisch, und ich sollte das Currypulver in die Pfanne geben. Leider hatte ich jedoch das Rezept falsch gelesen und nahm einen ganzen Esslöffel statt des eigentlich angegebenen Teelöffels. Diesen Fehler würde ich beinahe mit dem Leben bezahlen.

Als wir uns an den Tisch setzten, rissen wir noch Witze darüber, ob Rose und ich uns mit unserem ersten gemeinsamen Kochexperiment wohl alle vergiften würden.

»Na gut, dann spiele ich eben die Vorkosterin«, bot ich an und schob mir einen Löffel voll in den Mund. Das Curry war so scharf, dass sich im Mund augenblicklich die Haut zu lösen begann.

Malcolm hatte zur selben Zeit ein kleines bisschen probiert und griff hastig nach seinem Glas. Ich konnte sehen, wie er sein Wasser runterkippte, aber es war bereits zu spät. Es wäre mir unangenehm gewesen, das Essen wieder auszuspucken, deshalb schluckte ich einfach. Eine riesige schwarze Blase begann Kehle und Rachen zu füllen, ich bekam den Bissen nicht runter und kriegte kaum noch Luft. Rose verständigte den Krankenwagen.

Für die meisten Leute ist der Notruf die Lösung, sie wissen, dass sie gleich Hilfe bekommen. Für Menschen mit EB gehen die Probleme dann oft erst los. Nur wenige Ärzte oder Schwestern haben von dieser Krankheit je gehört, deshalb richten sie oft nur noch mehr Schaden an. Ganz normale Behandlungen können schwerwiegende Folgen haben – wenn man uns berührt oder auszieht, bilden sich riesige Blasen, und Pflaster reißen die Haut vom Körper. Ich weiß über mein Leiden viel besser Bescheid als viele Leute aus dem Gesundheitssektor, sie hören aber oft nicht zu, wenn ich gegen irgendetwas protestiere.

Als ich 1970 in die Notaufnahme gebracht wurde, wollte man dort einen Luftröhrenschnitt vornehmen. Ich war entsetzt, weil ich mich weit weg von zu Hause befand und meine Eltern keine Ahnung hatten, dass ich im Krankenhaus war und in Lebensgefahr schwebte. Man bereitete mich für die Narkose vor, aber in dem Moment, in dem man mich in den Operationssaal schieben wollte, platzte die riesige Blase in meinem Mund und Hals. Der Schmerz war unerträglich, und der Eingriff wurde abgesagt. Tatsächlich hatte ich Glück: Ein Spezialist erklärte mir später, dass ein Luftröhrenschnitt für jemanden mit EB extrem riskant war und ich durchaus hätte sterben können.

Die geplatzte Blase hinterließ in meinem Hals Hautfalten, die mir jahrelang Probleme bereiteten. Ich konnte kaum schlucken, selbst Flüssigkeiten verursachten mir dabei Schmerzen. Da meine Kehle zum Teil blockiert war und ich kaum etwas schlucken konnte, verlor ich viel Gewicht und musste für Monate ins Krankenhaus.

Dort diagnostizierte man Magersucht – die Ärzte glaubten mir nicht, dass ich nichts essen konnte, sondern gingen davon aus, dass ich einfach nicht wollte. Ich kann mich noch gut daran erinnern, wie ein Arzt einen Teller mit Fish and Chips auf das Tablett am Fußende meines Betts knallte. »Damit wirst du nie durchkommen«, knurrte er.

Eines Abends kam meine Mutter zu Besuch ins Krankenhaus. Ich redete mit ihr über meine Kindheit und konnte sehen, dass bei ihr die Anspannung wuchs. Irgendwann sprang sie einfach auf und verließ den Raum. In diesem Moment verstand ich nicht, warum sie so plötzlich floh, am nächsten Morgen wurde ich jedoch mit einem Krankenwagen ins Guy's Hospital in London gebracht.

Offenbar hatte sie befürchtet, dass ich sterben würde – als ich über meine Kindheit gesprochen hatte, hatte sie geglaubt, dass mein Leben vor meinem inneren Auge vorbeizog. Daher hatte sie meinen früheren Dermatologen in London ausfindig gemacht, den Mann, der mir das Reiten erlaubt hatte. Sie ging davon aus, dass wenigstens er verstehen würde, was mit mir los war. Allerdings machte sie ihm auch Vorwürfe: »Sie hat nicht aufgehört! Sie haben gesagt, dass Wendy das Reiten schon lassen würde, wenn sie sich dabei wehtut. Aber das hat sie nicht!«

Im Guy's legte man mich an den Tropf und machte eine Kontrastmitteluntersuchung. Dafür musste ich eine Flüssigkeit zu mir nehmen, die dann bei einem Röntgenbild eventuelle Probleme der Speiseröhre zeigen würde.

Sie auch nur zu schlucken, war schon schwierig. Als ich

sie dann endlich herunterbekommen hatte, konnten die Ärzte erkennen, dass das Gewebe der aufgeplatzten Blase an zwei Stellen quer über meine Luftröhre gewuchert war. Ich weiß noch, dass der Arzt eine Gruppe Studenten mitbrachte, damit sie sich das einmal ansehen konnten. »Denken Sie immer daran«, insistierte er eindringlich, »wenn ein Patient mit EB sagt, dass er etwas im Hals fühlt, dann ist da auch etwas.«

Am nächsten Tag operierte man mich, um meine Luftröhre zu weiten, und das war eine der schlimmsten Erfahrungen meines Lebens. Ich wusste ja, dass es unvermeidlich war: Ich war einundzwanzig und wog nur noch fünfunddreißig Kilo, ganz offenbar lag ich hier im Sterben. Dennoch war es absolut grauenhaft.

Man erklärte mir, dass die Operation von einem Chirurgen vorgenommen werden würde, der damit Erfahrung hatte. Im letzten Moment wurde er jedoch an anderer Stelle gebraucht, und man bat einen seiner Kollegen, ihn zu vertreten. Dieser weigerte sich jedoch schlichtweg. Er kam sogar zu mir und erklärte: »So eine Operation würde wirklich nur ein Betrunkener übernehmen, oder jemand, der bei vorgehaltener Waffe dazu gezwungen wird. Es tut mir leid, aber ich kann einfach Ihr Leben nicht riskieren.«

Am Ende fand man doch noch einen Chirurgen, und ich erinnere mich noch daran, dass ich auf dem Weg zum OP-Saal in meinem Bett gesungen habe. Ich hatte mich nämlich mit den anderen jungen Frauen auf der Station angefreundet und wollte sie ein wenig aufmuntern, damit sie sich keine Sorgen um mich machten. Als ich wieder zu mir kam, war überall Blut. Um meinen Hals wieder freizubekommen, hatten sie einen Schlauch hineingeschoben und dann die ganze Haut entfernt – der Schmerz war unerträglich. Die Operation fand am zehnten Dezember statt, und ich konnte das Krankenhaus schließlich ein paar Tage vor Weihnachten endlich wieder verlassen. Mit der OP haben sie mir das Leben gerettet, aber es dauerte im Anschluss sechs Monate, bis ich wieder ohne Beschwerden schlucken konnte.

Meine Kehle erholte sich nie vollständig, und bis heute schwillt mein Hals zu, wenn im Raum Curry oder Knoblauch verwendet werden.

Bei der Nachsorge erklärte mir einer der Ärzte, dass ich zwei Dinge von nun an unbedingt vermeiden musste: »Sie dürfen nie wieder singen oder weinen.«

Obwohl die Operation meine Luftröhre geweitet hatte, würde sie niemals normale Größe erreichen, und beim Singen oder Weinen würde die Anspannung im Hals die Haut dort schädigen. Ich konnte nicht mehr zum Chor gehen und vermeide es bis heute, Emotionen zu zeigen, egal ob positive oder negative. Wenn mir die Tränen kommen, muss ich mich schnell ablenken, oder meine Kehle zieht sich zusammen und verursacht mir schreckliche Probleme.

Es hieß sogar, dass eventuell noch einmal operiert werden müsste, ich schwor jedoch, dass ich mir so etwas nicht ein zweites Mal antun würde.

Außerdem prophezeite man mir, dass ich vermutlich

nur noch zwei Jahre zu leben hätte. Ein erneutes Todesurteil, aber ich glaube, das hat mich nur stärker gemacht. Ich
war entschlossener denn je, erst recht jeden Tag in vollen
Zügen zu genießen.

Kapitel 4

Eine zweite Chance

Im Januar 1971 kehrte ich zur Arbeit zurück. Das war genau einen Monat nach meiner OP, und ich war immer noch angeschlagen und viel zu dünn, aber fest entschlossen, wieder ein normales Leben zu führen.

Die Ärzte hatten sich allerdings geweigert, mich gesundzuschreiben – ihrer Meinung nach ging es mir längst nicht gut genug. Auf der Arbeit erklärte man mir, dass man mich nicht bezahlen konnte, weil ich eigentlich gar nicht da sein sollte, man hatte aber nichts dagegen, dass ich unentgeltlich kam.

Von meinem Freund hatte ich mich inzwischen getrennt, ich war jedoch noch eng befreundet mit Rose. Im Februar begleitete sie mich deshalb zu einer Tanzveranstaltung, die mein Arbeitgeber anlässlich des Valentinstags organisiert hatte. Und dort lernte ich dann meinen ersten Ehemann kennen. Wir heirateten nur fünf Monate später, und fünf Jahre danach bekam ich unser erstes Kind.

Man hatte mir immer gesagt, dass ich keine Kinder bekommen durfte. Nicht etwa deshalb, weil sie auch an Epidermolysis bullosa leiden würden – inzwischen verstand ich die genetischen Faktoren und wusste, dass die Chancen dafür äußerst gering waren. EB ist eine ungewöhnliche Krankheit und meine rezessive Variante noch seltener. Damit sie vererbt wird, müssten beide Eltern über das defekte Gen verfügen. Aber die Ärzte waren sich einfach nicht sicher, wie mein Körper mit Schwangerschaft und Geburt klarkommen würde, und empfahlen mir deshalb, es lieber nicht zu versuchen. Zu diesem Zeitpunkt wusste ich jedoch bereits, dass ich nicht auf andere hören musste, wenn man mir von etwas abriet. Und ich wollte eben ein Baby. Rose war damals schwanger, und zu jener Zeit wurde von einem Paar einfach erwartet, Kinder zu bekommen. Das gehörte zu einem normalen Leben dazu, daher war es auch mir wichtig.

Während meiner ersten Schwangerschaft gab es nicht allzu viele Komplikationen. In der elften Woche hatte ich Blutungen und dachte schon, ich hätte das Kind verloren. Man erklärte mir aber, dass es sich einfach nicht richtig in der Gebärmutter eingenistet hatte. Deshalb musste ich drei Wochen liegen, danach verlief der Rest der Schwangerschaft aber ohne Probleme. Auch bei der Geburt gab es keine weiteren Schwierigkeiten. Eigentlich hätte ich das Baby unter der Aufsicht von Spezialisten in London bekommen sollen, schließlich kam mein Sohn jedoch in Wales zur Welt, wo ich zu diesem Zeitpunkt lebte. Da man nicht wusste, wie mein Körper darauf reagieren würde, gab man mir keine Schmerzmittel, also konnte ich nur auf Atemübungen zurückgreifen.

Die französische Hebamme wies mich an, aus dem

Fenster zu sehen und auf die Glockenblumen im Garten zu pusten, als wären sie Kerzen, die ich ausblasen wollte. Ich begann mich zu konzentrieren, erlangte Kontrolle über die Situation und konnte die Schmerzen im Zaum halten. Es war eine lange Geburt, nach fünfzehn Stunden kam dann jedoch mein gesunder kleiner Junge, Robert, zur Welt. Ich wäre vor Glück beinahe geplatzt, so wunderschön war er.

Als Robert drei war, hielten wir den richtigen Zeitpunkt für gekommen, es noch einmal zu versuchen. Weil mit ihm alles glattgegangen war, vertraute ich darauf, dass mein Körper auch eine weitere Schwangerschaft und Geburt ertragen konnte. Dieses Mal war die Sache jedoch nicht so einfach. Nach viereinhalb Monaten machte ich Robert gerade für den Kindergarten fertig, da bekam ich auf einmal ganz furchtbare Schmerzen. Ich rief eine Freundin an, die lieber einen Krankenwagen verständigte.

Man fuhr mich in die Klinik, wo man mir erklärte, dass bei mir viel zu früh die Wehen eingesetzt hatten. Deshalb würde ich die nächsten viereinhalb Monate im Bett verbringen müssen, damit die Geburt nicht losging, bevor das Baby weit genug entwickelt war.

Aber so lange wollte ich auf keinen Fall von Robert getrennt sein, deshalb bestand ich dem Arzt gegenüber darauf, nach Hause zu gehen. Der versicherte mir hingegen, dass mein Sohn sich daran nicht einmal erinnern würde: »Wenn Sie ihn später einmal fragen, wie lange Sie damals weg waren, wird er vermutlich sagen: ›Nur einen Tag.‹« Und genau so lautete dann auch seine Antwort. Aber er fehlte mir so sehr. Im Laufe dieser langen Monate verstrich die Zeit für mich im Schneckentempo, während Mütter mit ihren Babys kamen und wieder gingen. Eine Frau sagte sogar, dass sie ihre Tochter nach mir benennen wollte und hoffte, diese würde genauso geduldig sein wie ich.

Ich halte mich nun wirklich nicht für einen geduldigen Menschen – aber ich wollte einfach mein Baby retten.

Manchmal gaben Leute zu bedenken, dass Probleme in der Schwangerschaft ein Weg der Natur waren, ein Kind zu beseitigen, mit dem etwas nicht stimmte. Deshalb bekam ich an irgendeinem Punkt Albträume von der Geburt und sah einen mit Blasen übersäten Säugling vor mir. Als meine Tochter Rhiannon dann geboren wurde, nahmen die Ärzte sie mir augenblicklich weg, was für mich einer Hinrichtung gleichkam. Schweigend versammelten sich die Mediziner mit ihr in einer Ecke des Raumes, und ich war fest davon überzeugt, dass sie EB hatte. Ich war am Boden zerstört.

Zum Glück war mit Rhiannon alles in Ordnung. Sie war zauberhaft, einfach unglaublich. Und ich war überglücklich, weil ich zwei kerngesunde Kinder hatte!

Allerdings waren manche Dinge, die andere Mütter für gegeben hinnahmen, für mich eine ziemliche Herausforderung.

Es war schwierig, Knöpfe zuzumachen oder mit meinen Kindern zu raufen. Sie mussten lernen, dass sie nicht über mich krabbeln durften, sie konnten nicht auf meinem Schoß sitzen und »Hoppe, hoppe Reiter« spielen.

Als Robert noch ein Säugling war, entriss ihn mir mal eine andere Frau und brüllte mich an: »Wie können Sie nur? Wie können Sie nur?« Ich bemerkte, dass meine Hände geblutet hatten, als ich ihm seinen Strampler angezogen hatte, und er mit Blut bedeckt war – sie hatte gedacht, ich würde ihm etwas antun. Nur mit viel Überzeugungsarbeit konnte ich ihr klarmachen, dass es sich um mein Blut handelte, nicht um seins. Sie entschuldigte sich zwar zerknirscht, mir verdeutlichte der Vorfall jedoch, wie vorsichtig ich sein musste.

Auf jeden Fall hatte ich beschlossen, dass Robert und Rhiannon im Leben meinetwegen bloß nichts verpassen sollten, und ich glaube, sie hatten eine glückliche Kindheit. Es gab bei uns Ponys und Hunde, meine Tante Gwen hatte mir nämlich einen Golden Retriever namens Topper zur Hochzeit geschenkt, und mein Mann und ich nahmen auch herrenlose Hunde aus dem Tierheim bei uns auf. Beide Kinder lernten reiten und verbrachten gerne Zeit im Freien, sie waren kräftig und geschickt. Mit einem Lächeln schaute ich ihnen bei all den Dingen zu, die ich selbst so gern gemacht hätte, und sah dabei gewissermaßen eine Version von mir mit normaler Haut. Ich war ja so stolz auf die beiden!

Mein erster Mann und ich ließen uns 1990 scheiden. Nach der Trennung war es für mich erst einmal schwer: Ich war mit einer Zehn- und einem Vierzehnjährigen allein und emotional schwer angeschlagen.

Diese harten Zeiten überstand ich nur durch die Hilfe

von Freunden. Damals ritt ich nicht einmal mehr auf meinem Pferd Kestrel, um das sich meine Freundin Mavis kümmerte, während ich wieder auf die Beine kam – sie war wirklich so gut zu mir. Eines Tages erschien sie auf dem Rücken ihres Pferdes Brandy vor meiner Haustür und führte Kestrel am Zügel mit sich. »Der braucht seine Reiterin!«, verkündete sie. »Na, komm schon, lass uns zusammen eine Runde drehen.« Und das machte ich dann auch. Mavis wusste, dass ich das Reiten einfach brauchte, um glücklich zu werden. Und damit half sie mir, nicht völlig durchzudrehen. Ich glaube, ich konnte damals nur auf dem Rücken eines Pferdes klar denken.

Mich betreute eine auf EB spezialisierte Krankenschwester, und die fragte mich eines Tages, wie denn meine ideale Zukunft aussehen würde. Ich erklärte ihr, dass ich mich in einem kleinen Häuschen mit Terrasse sah, in dem ich mit meinen Kindern lebte und Hunde züchtete. Ich war nämlich immer noch ganz verrückt nach Hunden. Inzwischen hatte ich eine wunderschöne Golden-Retriever-Hündin namens Heidi. Sie war der sanfteste Hund, dem ich je begegnet war, und ich vergötterte sie einfach.

»Na, dann machen Sie das doch«, riet mir die Schwester, »behalten Sie Ihr Ziel immer vor Augen und arbeiten Sie darauf hin.« Ich erklärte, dass ich nicht vorhatte, noch einmal zu heiraten – alles, was ich wollte, waren meine Kinder, das Haus und die Hunde. Zum Glück läuft das Leben nicht immer wie geplant. Manchmal hat es noch ein Ass im Ärmel.

In der Zeit, als ich mit den Kindern allein war, rief mich eines Tages meine Freundin Judy an und fragte, wie es mir so ging. Ich vertraute ihr an, dass mir vielleicht die Gesellschaft von Erwachsenen ganz guttun würde. Die Arbeit hatte ich nach unserer Hochzeit aufgegeben, und obwohl ich eigentlich ganz gern wieder angefangen hätte, war mir das in der damaligen Situation einfach zu viel.

Aber ich fand es schwierig, den ganzen Tag allein zu Hause zu bleiben, deshalb schlug Judy mir vor, mit ihr zusammen zu einer Singlegruppe zu gehen.

»Oh, nein«, winkte ich ab, »das kannst du vergessen. Vom Heiraten hab ich die Nase voll.«

»Darum geht es da auch gar nicht«, entgegnete sie, »sondern um ein freundschaftliches Miteinander. Die Gruppe wird von der Kirche aus organisiert – wir treffen uns und besuchen in unterschiedlichen Gemeinden die Messe, gehen zusammen ins Theater und solche Sachen. Es geht doch nur darum, ein bisschen Gesellschaft zu haben.«

Das klang doch gar nicht schlecht.

Als nächstes Treffen war ein Weihnachtsessen in einem wunderschönen Restaurant geplant. Als ich durchs Fenster nach draußen schaute und sah, wie im Licht einer altmodischen Straßenlaterne Schnee fiel, musste ich an *Narnia* denken. Tatsächlich genoss ich es, mal aus dem Haus zu kommen und neue Leute kennenzulernen. Das tat mir gut, und es gab da einen Mann namens Peter, der besonders nett war.

Ich fing an, regelmäßig an den Gruppentreffen teilzunehmen. Peter und ein gewisser Stephen wechselten sich damit ab, mich zu den Veranstaltungen zu fahren. Wir gingen in Gemeinden mit schwindenden Mitgliederzahlen, damit die Kirchenbänke während der Messe nicht ganz so leer aussahen und um den Menschen dort Mut zum Weitermachen zu machen.

Bei einem unserer Ausflüge machten wir in Lavenham in Suffolk vor dem Gottesdienst einen Spaziergang zwischen Feldern. Ich kann nicht besonders schnell gehen, deshalb fiel ich in Gruppen bald zurück. Als wir an einem Teich vorbeikamen, blieb ich stehen, um Entenküken auf dem Wasser zu beobachten. Dabei war ich eigentlich davon ausgegangen, dass alle anderen längst weg waren und ich dann in der Kirche wieder zu ihnen stoßen würde.

»Ihr seid aber süß!«, sagte ich zu den Küken.

»Ja, die sind niedlich, nicht wahr?«, erklang da eine Stimme hinter mir. Es war Peter, der extra auf mich gewartet hatte.

Dann gingen wir zum Abendgottesdienst hinüber zur Kirche, in der es eisig war. Ich glaube, so kalt war mir im Leben noch nicht gewesen. Als ich in der Kirchenbank saß, schaute ich zu einem wunderschönen Buntglasfenster hinauf, das einen sich aufbäumenden Schimmel zeigte.

»Oh, so ein Pferd hätte ich auch gern«, seufzte ich.

»Ich hol es für dich, wenn die hier gleich abschließen«, scherzte Peter lächelnd. Als er dann bemerkte, wie kalt mir war, legte er mir seine Jacke um die Schultern. Und in diesem Moment machte bei mir einfach etwas Klick. Es fühlte sich wunderschön an, aber ich bekam auch Angst, da ich nicht noch einmal verletzt werden wollte.

Einige Zeit später schlug Peter mir vor, uns allein zu einem Spaziergang zu treffen, und ich stimmte zu. Ich genoss seine Gesellschaft – er war so nett und sanft. Wir wurden gute Freunde, und an Roberts Geburtstag lud ich ihn dann zur Party ein, um ihn den Kindern vorzustellen. Als es gerade geklingelt hatte und ich ihm die Tür aufmachte, ertönte auf einmal ein lauter Knall. Ich rannte zurück ins Haus und entdeckte überall Glasscherben. Die Jungen hatten draußen gekickt und den Fußball dabei durchs Fenster gejagt. Robert war kreidebleich geworden.

»Okay, wo finde ich bei euch denn Besen und Kehrblech?«, war alles, was Peter sagte. »Mach dir mal keine Sorgen, Robert, deine Mutter ist bestimmt versichert.«

Mein Sohn konnte es nicht fassen. Schon damals war Peter so ruhig und freundlich, wie er es unsere gesamte Ehe hindurch geblieben ist.

Auch zu Rhiannon hatte er ein gutes Verhältnis. Als ihr Hamster krank war, kam er extra vorbei, um ihr Gesellschaft zu leisten. Leider verstarb der kleine Nager, und Peter half meiner Tochter dabei, ihn im Garten zu begraben. Wir sangen ein Lied für ihn und beteten zusammen. Ein Tier zu verlieren, ist immer schwierig, und Rhiannon war damals am Boden zerstört. In jener Situation erkannte ich, was für ein guter Mensch Peter war und wie hervorragend er mit den Kindern klarkam. Später fragte Rhiannon ihn dann, ob er gerne ihr Teilzeitvater werden würde.

Eines Tages schlug Peter vor, noch einmal zu zweit

nach Lavenham zu fahren. Am Tag zuvor ritt ich mit Mavis aus und erzählte ihr von unseren Plänen.

»Du weißt schon, dass er um deine Hand anhalten wird, oder?«

»Ach, jetzt sei doch nicht albern.«

»Warum sollte er sonst mit dir den langen Weg raus nach Suffolk fahren?«

»Weil er eben gern Lavenham besuchen möchte!«, protestierte ich.

Ich glaubte Mavis kein Wort, aber als wir dann ankamen, gingen wir noch einmal denselben Weg, den wir damals mit der Gruppe genommen hatten. Peter blieb an dem Teich stehen, auf dem wir die Küken gesehen hatten, und fragte mich tatsächlich, ob ich seine Frau werden wollte. Ich prustete vor Lachen.

»Was ist denn so lustig?«, fragte er.

Sofort wurde ich wieder ernst. »Entschuldige bitte«, sagte ich. »Ich würde dich ja unglaublich gern heiraten, leider hab ich aber beschlossen, dass ich mich nie wieder auf eine Ehe einlasse.«

»Ich weiß«, nickte Peter. »Ich bin mir jedoch ganz sicher, dass wir zusammen glücklich werden würden.«

Du bist einfach der netteste Mann, der mir je begegnet ist, fuhr es mir durch den Kopf. Und da wusste ich, dass ich ihn liebte.

Ich sagte Ja. Später erzählte mir Peter dann, er habe schon seit unserer ersten Begegnung im Restaurant gewusst, dass wir irgendwann heiraten würden.

Wir beschlossen, ein paar Tage zu warten, bevor wir

es den Kindern sagten – dafür wollten wir den richtigen Moment abpassen. Aber als Peter das nächste Mal zu Besuch kam und wir vor dem Schlafengehen zusammen beteten, machte Rhiannon auf einmal die Augen auf und fragte ihn: »Wärst du vielleicht auch gerne mein Vollzeitvater?« Peter und ich sahen uns nur an und lächelten.

Am nächsten Tag gab es viel Gekicher, und man erklärte mir, dass ich Küche und Wohnzimmer nicht betreten durfte. Peter hatte den Kindern im Vertrauen erzählt, dass wir eine Familie werden würden, und als er dann am Abend vorbeikam, überraschten die beiden uns mit einem selbst gebackenen Verlobungskuchen. Die Kinder waren also begeistert, aber auch Heidis Meinung war entscheidend gewesen. Peter hatte vorher noch nie einen Hund gehabt, und vor seinem ersten Besuch bei uns hatte ich befürchtet, dass unser Golden Retriever und er sich vielleicht nicht verstehen würden.

Aber tatsächlich war es bei Heidi Liebe auf den ersten Blick gewesen, und Peter übernahm bei ihr schnell die Rolle des besten Freundes, die bis dahin ich eingenommen hatte. Unsere Hündin vergötterte ihn und freute sich jedes Mal, wenn er kam. »Aber Heidi, du bist doch *mein* Hund!«, beklagte ich mich manchmal bei ihr. *Tut mir leid, aber ich hab jetzt Peter*, schien sie zu antworten, während sie auf ihn zutapste. »Du kleine Verräterin!«, schnaubte ich.

Wir heirateten im selben Jahr, 1991, und sind heute noch so glücklich wie an dem Tag, als wir uns kennenlernten. Peter ist nicht nur sanft und lieb, sondern auch witzig, und hat mir in dunklen Stunden zur Seite gestanden. Er bietet mir Sicherheit in einer unsicheren Welt und arbeitet unermüdlich, um unser Leben zum Besseren zu wenden. Er ist wirklich der Wind unter meinen Flügeln.

So hilfsbereit und stark er sich für mich auch zeigt, er stellt sich mir dabei nie in den Weg. Peter kennt mich eben viel zu gut und würde mich niemals von Dingen abzuhalten versuchen, die ich mir in den Kopf gesetzt habe.

Im Laufe der Zeit wurde mein gesundheitlicher Zustand nach und nach schlechter. Nach der Operation 1970 musste ich gut aufpassen, was ich aß, und nahm überwiegend weiche Lebensmittel zu mir. Aber leider hatte ich meine Lektion immer noch nicht gelernt und naschte gelegentlich Sachen, die eigentlich verboten waren. 1993 verschluckte ich mich an einem Stück Käse. Das fügte meinem Hals jede Menge Schaden zu, und der Arzt riet mir, in Zukunft nicht mehr unbeaufsichtigt zu essen. Ein im Hals stecken gebliebener Bissen könnte mir nicht nur die Luft abschnüren, sondern auch Auslöser für eine Lungenentzündung sein, was noch schlimmer wäre. Peter musste seine Arbeit aufgeben und sich rund um die Uhr um mich kümmern.

Etwa zu diesem Zeitpunkt fand ich heraus, dass ich gegen Raps allergisch war – schon allein der Geruch konnte bei mir in Mund und Kehle Blasen hervorrufen. Wir mussten mehrmals umziehen, weil plötzlich Rapsfelder angelegt wurden. Sobald wir uns irgendwo niedergelassen hatten, fing jemand in der Nähe mit dem Rapsanbau an, und wir schnürten wieder unser Bündel. Selbst ein Mundschutz brachte nichts, und durch immer neue Blasen und wucherndes Gewebe in meinem Hals musste ich mich schließlich auf breiförmige Kost beschränken. Die Ärzte rieten uns, mögliche Rapsanbaugebiete zu vermeiden und besser an die Küste zu ziehen, also ließen wir uns 1998 in Aldeburgh in Suffolk nieder. Heidi nahmen wir mit, mein Pferd Max mussten wir jedoch bei meiner Tochter zurücklassen. Rhiannon war inzwischen erwachsen und selbst leidenschaftliche Reiterin. Durch ihre neue Arbeit war es ihr jedoch nicht möglich, Max jeden Tag zu besuchen. Deshalb beschlossen wir, ihn zu verleihen, bis ihn wieder jemand von uns zurücknehmen konnte. Max hatte Arthritis in den Hinterbeinen und konnte deshalb nicht bergauf gehen – wir erklärten den Leuten, die sich um ihn kümmern würden, dass er nur auf ebenem Gelände laufen durfte.

Kurz nach unserem Umzug bekamen wir von ihnen einen Anruf, in dem sie uns mitteilten, dass Max tot war. Ich war entsetzt. Offenbar hatte man ihn auf einer Weide untergebracht, die von einem Graben umgeben war – dort war er hineingeklettert und hatte es dann nicht mehr herausgeschafft. Als die Feuerwehr ihn endlich hochgeholt hatte, war er im Schockzustand gewesen und hatte nicht allein stehen können. Der Tierarzt hatte ihn erschießen müssen.

Es brach mir das Herz, und nur zwei Wochen später starb dann auch noch Heidi an Krebs. Wir waren am Boden zerstört, und für mich waren die nächsten sechs

Monate wirklich hart. Wir waren an einem Tiefpunkt angelangt, und mir ging es so schlecht, dass ich kaum noch
das Haus verließ und mit niemandem mehr sprach. Ich
hatte mein Selbstbewusstsein verloren und war extrem in
mich gekehrt. Außerdem war ich ein echtes Nervenbündel geworden und völlig am Ende. Mir wurde klar, wie
wichtig Tiere für mein Glück gewesen waren.

Doch dann erhielt ich einen Anruf, der mein Leben
verändern würde: »Könntet ihr vielleicht zwei vierjährige
Golden Retriever bei euch aufnehmen?«

Kapitel 5

Monty und Penny

»Man hat mich da über zwei Golden Retriever informiert, die dringend ein neues Zuhause brauchen. Aber das müsste jetzt sofort sein.«

Der Anruf kam von einem Freund, der bei uns ganz in der Nähe wohnte. Er wusste genau, wie mich Heidis Tod mitgenommen hatte und wie sehr ich Golden Retriever liebte. Nach dem Verlust von Heidi hatte ich mir das Leben mit einem anderen Hund nicht vorstellen können und daher beschlossen, mir keinen mehr zuzulegen. So langsam begriffen wir jedoch, dass es ein Fehler gewesen war. Heidi hatte dafür gesorgt, dass wir aus dem Haus kamen und Freundschaften schlossen. Hier in Aldeburgh kannte ich noch niemanden – und ich wusste einfach nicht, wie ich ohne Hund mit Leuten in Kontakt kommen sollte.

Und da wir uns jetzt gerade mit dem Gedanken angefreundet hatten, uns vielleicht doch wieder einen Vierbeiner zuzulegen, rief unser Freund genau im richtigen Moment an.

»Einen könnte ich vielleicht übernehmen, aber nicht beide«, sagte ich. »Das würden wir im Moment einfach nicht schaffen.«

»Nein, Wendy«, entgegnete unser Freund. »Die müssen zusammenbleiben, wir können sie auf keinen Fall trennen. Das wirst du verstehen, wenn du sie erst gemeinsam siehst.«

»Na gut, in Ordnung, ich schau sie mir mal an«, lenkte ich schließlich ein. »Aber ich kann dir nichts versprechen.«

Als ich auflegte, fragte ich mich, was um alles in der Welt mein Mann wohl von gleich zwei Hunden halten würde. Mein Freund hatte auch erwähnt, dass sie, wenn überhaupt, nicht besonders gut erzogen waren.

»Lass uns doch einfach mal gucken«, schlug Peter vor. »Wer weiß, vielleicht sind sie ja ruhiger, als du jetzt befürchtest.«

Mehr als ein Blick war gar nicht nötig. Man führte uns auf einen Parkplatz hinter einem Restaurant und zeigte uns einen winzigen Zwinger mit vierbeinigen Geschwistern: einem kleineren graubraunen Weibchen und einem dunkleren Rüden.

Im Zwinger lagen Häufchen herum, die von Fliegen umkreist wurden. Der Rüde hatte eine blutende Wunde am Bein, und bei beiden war das Fell furchtbar verfilzt. Außerdem hatten sie solches Übergewicht, dass sie aussahen wie Pudding auf Beinen.

»Na, Golden Retriever sind das ja wohl nicht«, seufzte ich. Ich dachte an Tante Gwens wunderschöne Hunde mit dem sanft glänzenden Fell. Mit denen hatten diese beiden Tiere so gar nichts zu tun.

»Aber um was handelt es sich dann?«, fragte Peter.

»Keine Ahnung«, musste ich zugeben. »Bei dem drecki-
gen Fell kann ich das gar nicht sagen.«

Als wir mit den beiden spazieren gehen wollten, um
zu sehen, wie wir mit ihnen klarkamen, begrüßten sie uns
wie alte Freunde. Im Zwinger hatte eine vertrocknete alte
Leine aus Leder gelegen, sie hatten aber offenbar keine
Ahnung, wofür die da war. Sobald wir die zwei nämlich
herausgeholt hatten, zerrten sie uns die Straße entlang.
Es war klar, dass diese Hunde völlig unerzogen waren –
nichts, was wir ihnen sagten, hatte auch nur den gerings-
ten Einfluss auf ihr Benehmen. Sie waren so wild, dass
Peter sie kaum beide halten konnte.

Als wir zum Zwinger zurückkamen, weigerten sich die
Geschwister einfach, ihn wieder zu betreten. Da wusste
ich, dass es zu spät war – es wäre einfach grausam gewesen, sie dort zurückzulassen. Deshalb drehte ich mich zu
Peter um und sagte: »Wir müssen die beiden hier raus-
holen, es geht gar nicht anders.«

»Ich weiß«, nickte er.

Die Besitzer wollten sie nicht mehr und hatten kein
Problem damit, dass wir sie sofort mitnehmen wollten.
Sie fragten nicht einmal, wo ihre Hunde von jetzt an leben
würden. Die Tiere sprangen sofort ins Auto, als wir die
Tür aufmachten, aber da fiel mir plötzlich ein, dass wir
ja ein Album mit Fotos mitgebracht hatten, um den alten
Besitzern das neue Zuhause der Hunde zu zeigen. Es war
jedoch unmöglich, die zwei noch einmal zum Verlassen
des Fahrzeugs zu bewegen.

»Das ist wohl kein gutes Zeichen, was?«, sagte ich zu

Peter, als wir davonfuhren. Die Hunde würdigten ihre bisherige Bleibe keines Blickes.

Auf dem Rückweg fuhren wir direkt beim Tierarzt vorbei. Er erklärte uns, dass wir sie monatelang auf Diät setzen mussten, weil jeder von ihnen dreizehn Kilo Übergewicht hatte. Seiner Einschätzung nach war der Rüde so fett, dass sein Herz jeden Augenblick den Geist aufgeben konnte. Außerdem waren bei beiden die Zähne abgenutzt, weil sie versucht hatten, die Gitterstäbe ihres Zwingers durchzunagen. Das Weibchen hatte im Nacken eine riesige schwarze Narbe – später fanden wir heraus, dass man sie mit einem Draht angebunden hatte, wenn sie läufig war. Sie hatte an dieser Stelle das ganze Fell verloren, das nach Aussage des Tierarztes auch nie wieder nachwachsen würde.

Als wir ihn baten, die Hunde zu chippen, lachte er. »Ich glaube kaum, dass jemand diese beiden klauen will!«

Wir fuhren mit gemischten Gefühlen nach Hause – zwar waren uns die Geschwister jetzt schon ans Herz gewachsen, aber ich machte mir einfach Sorgen. Zwei wilde und übergewichtige Hunde, die nicht einmal die einfachsten Kommandos beherrschten, waren für meine empfindliche Haut wirklich nicht ideal. Und es waren ja nicht einmal Golden Retriever! Aber sie schauten uns so liebevoll an, dass wir ihnen einfach nicht widerstehen konnten. Ich war bereits hin und weg.

Zu Hause angekommen, gingen wir mit ihnen in die Küche und nahmen ihnen die Leinen ab. Die beiden standen einfach nur da, und ich werde niemals den Blick vergessen, den sie da tauschten. Sie schauten sich erst im Raum um, guckten dann sich an und begannen langsam, mit dem Schwanz zu wedeln. Ich konnte direkt sehen, wie sie zueinander sagten: *Wir haben es geschafft – wir sind zu Hause!* Am liebsten wäre ich in Tränen ausgebrochen.

Die beiden hatten schon bei unserem ersten gemeinsamen Spaziergang ihren jeweiligen Besitzer auserkoren: Penny hielt sich an Peter, und Monty ging an meiner Seite.

Wir schauten mit ihnen bei einer älteren Dame in der Nachbarschaft vorbei, die Hunde liebte. »O mein Gott!«, rief sie, als sie sah, in was für einem Zustand unsere Neuzugänge waren. Aber sie verlor ihr Herz gleich an Penny und nannte sie »das kleine braune Hündchen«.

»Himmel, was werden Sie denn mit den beiden machen?«, fragte sie.

»Na ja, als Erstes gehen sie mal zum Hundefriseur«, erklärte ich.

Mit diesem verfilzten Fell wären wir nämlich restlos überfordert. Am nächsten Morgen brachten wir die Hunde um halb neun zum Friseur, und von diesem Punkt an war ich das reinste Nervenbündel. Ich fragte mich, wie die beiden wohl allein klarkommen würden, und wollte sie einfach nur schnell wieder zurück. Peter trieb ich damit in den Wahnsinn, dass ich ihn ständig nach der Uhrzeit fragte.

Das Telefon klingelte erst sieben Stunden nachdem wir sie abgeliefert hatten: Um halb vier sagte man uns Bescheid, dass wir die beiden wieder abholen konnten.

Als wir beim Friseur eintrafen, war von Monty und Penny keine Spur. Allerdings standen vorne im Laden zwei wunderschöne Golden Retriever, einer fast weiß und der andere in einem hellen Goldton, und ich bekam fast ein schlechtes Gewissen, als ich zu ihnen hinüberschielte. Sie sahen wundervoll aus, so wie man sich Golden Retriever eben vorstellte. Und das versetzte mir einen Stich, weil ich mir doch genau so einen Hund wünschte, ihn aber nicht haben konnte. Ich konnte den Blick kaum von ihnen abwenden.

Die Hundefriseurin war nach hinten gegangen, deshalb rief ich: »Hallo, wir sind's! Wir wollen Monty und Penny abholen.«

Sie rief zurück: »Ich komme gleich, aber die Hunde haben wir ja schon nach vorne gebracht.«

»Das glaube ich nicht«, antwortete ich. »Hier warten nur zwei Retriever, und deren Besitzer fänden es bestimmt nicht so witzig, wenn ich mir die einfach schnappe.«

Jetzt erschien die Dame endlich im Laden. »Aber das sind doch Ihre Hunde!«, lachte sie.

»Na, schön wär's!«

»Tja, zumindest sind das die beiden, die Sie heute Morgen um halb neun hergebracht haben«, versicherte sie. »Und wenn sie nicht so gutmütig wären, hätten wir das Fell komplett scheren müssen, so verfilzt, wie das war. Wir mussten sie ganze fünf Mal baden, aber irgendwann haben wir sie dann sauber bekommen und konnten sie bürsten. Und hier sind sie also!«

Ich war fassungslos, da unsere vierbeinigen Geschwister absolut nicht wiederzuerkennen waren. Es war wie ein Zaubertrick. Wir hatten einen braunen und einen grauen Hund undefinierbarer Rasse abgegeben, und jetzt standen die beiden hübschesten, entzückendsten Golden Retriever vor uns, die man sich nur vorstellen konnte. Die Hunde merkten ganz genau, wie verblüfft wir waren – man sah ihnen an, dass sie über uns lachten.

Auf dem Weg nach Hause trafen wir unsere Nachbarin. »Oh, wie schade!«, rief sie aus. »Was ist denn mit dem kleinen braunen Hündchen passiert?«

»Hier, das ist doch unsere Penny«, sagte ich und deutete auf die Hündin, die jetzt leuchtend weiß war.

»Aber das ist doch nicht das Tier, das Sie gestern Abend vorbeigebracht haben. Wo ist denn nur das braune Hündchen? Das, das Sie gerettet haben?«

Sie wollte es uns nicht glauben, als wir versicherten, dass es sich um dasselbe Tier handelte. Von diesem Tag an fragte sie uns bei jeder Begegnung nach dem kleinen braunen Hündchen.

Kapitel 6

Die perfekten Welpen

Am nächsten Tag ging der ganze Spaß mit unseren neuen
Vierbeinern erst richtig los. Wir legten Monty und Penny
Leinen an und wollten mit ihnen eigentlich nur bis zu
Peters Mutter herübergehen, die um die Ecke lebte. Aber
es wurde bald klar, dass wir es nicht einmal so weit schaffen würden. Diese beiden Hunde waren richtige Dick-
köpfe und hatten nicht vor, sich von uns irgendwohin
führen zu lassen. Durch das Übergewicht konnten sie
nicht laufen, aber Penny konnte traben und Monty zumindest schnell gehen.

Sobald wir zur Haustür hinaus waren, bewegten sich
die beiden so schnell, wie sie eben konnten, in unterschiedliche Richtungen und rissen Peter und mich mit. Sie
zerrten so heftig, dass irgendwann selbst mein Mann die
Leine loslassen musste.

»Bleib« oder »bei Fuß« konnten wir da vergessen, sie
machten einfach, was sie wollten.

»Okay«, stöhnte ich, »die brauchen Unterricht.«

Wir gingen mit ihnen zu einem Hundetrainer aus der
Gegend, der seine Kurse im Rathaus abhielt. Als wir am
ersten Tag dort ankamen, rasten die Hunde in den Raum,

als hätten sie Rollen untergeschnallt. Die anderen Herrchen und Frauchen mussten beiseitespringen, während Monty und Penny durch den Saal tollten, Sachen umwarfen, in Leute hineinrannten und sich weigerten, auch nur annähernd auf uns zu hören.

Dabei war Penny definitiv die Anführerin. Sie wollte immer hundert Sachen gleichzeitig machen: *Komm schon, Monty, lass uns mal diesem Hund da Hallo sagen! Oh, und was ist denn das da hinten? Ach, und was ist mit dem Vierbeiner da vorn?* Man konnte jetzt schon erkennen, dass Monty viel ruhiger war. Er folgte ihr zwar, man hörte ihn jedoch beinahe einwenden: *Bist du sicher, Penny? Sollten wir nicht lieber machen, was man uns sagt?*

Der Trainer war ein ehemaliger Soldat und glaubte an altmodische Methoden, bei denen man seine Hunde hin und her zerrte, um sie zum Gehorchen zu bewegen. »Sagen Sie ihr, sie soll Sitz machen«, forderte er mich auf, während er versuchte, Pennys Hinterteil herunterzudrücken. Davon wollte sie natürlich nichts wissen.

Nach einer nervenaufreibenden halben Stunde wurden wir aufgefordert, den Kurs zu verlassen, weil unsere Hunde die Gruppe störten. Ich versuchte noch zu erklären, dass wir die beiden aus schwierigen Verhältnissen gerettet hatten und sie erst ein paar Tage bei uns waren.

»Na, dann geben Sie die mal ganz schnell wieder ab«, empfahl der Trainer. »Die werden Sie nie erziehen, und erst recht nicht beide zusammen. Versuchen Sie bloß nicht, die zu behalten.«

Irgendwann bekamen wir die zwei so weit unter Kontrolle, dass wir mit ihnen den Raum verlassen konnten. Wir beförderten sie ins Auto und saßen dann einen Moment schweigend da. »Und was jetzt?«, fragte Peter.

Es brach mir das Herz, als ich zu Monty und Penny hinüberschaute.

»Zurückbringen werden wir sie auf keinen Fall!«, verkündete ich. »Das kann ich ihnen nicht antun. Wir müssen die Sache einfach in einem neuen Licht betrachten. Von jetzt an gehen wir mit ihnen so um, wie wir es mit jungen Hunden machen würden. Wir müssen eben so tun, als wären sie acht Wochen alt, und nicht viereinhalb Jahre. Das sind jetzt unsere Welpen.«

Peter lachte. »Warum denn das?«

»Weil wir mit ihnen ganz von vorn anfangen müssen. Erst bringen wir ihnen grundlegende Sachen bei und bauen dann langsam darauf auf. Ich weiß zwar nicht, ob das klappt, aber wenn wir sie Welpen nennen, stecken wir unsere Erwartungen wenigstens nicht so hoch.«

Wir beschlossen, zunächst lediglich zehn Minuten am Tag mit ihnen zu trainieren. Das Problem bestand nur darin, dass sie sich aus dem Staub machten, sobald wir sie von der Leine ließen. Weg waren sie, ohne jede Furcht oder Sorge. Wir riefen immer wieder, aber sie trabten einfach weiter. So langsam stieg in mir Panik auf. Was, wenn sie nie wiederkommen würden?

Irgendwann dämmerte es mir dann: Sie wollten gar nicht von uns weg, sahen aber keinen Sinn darin, zu einem bestimmten Zeitpunkt zurückzukommen. Weil sie genau wussten, dass wir auf sie warten und sie nicht verlassen würden, zogen sie beruhigt los und machten ihr eigenes Ding. Darum beschloss ich, etwas auszuprobieren.

»Beim nächsten Mal verstecken wir uns hinter den Dünen, nachdem wir sie gerufen haben«, weihte ich Peter in meinen Plan ein. »Die drehen sich bestimmt um, wenn sie uns hören.«

»Aber dann können Sie uns ja nicht sehen.«

»Ganz genau! Los, komm.«

Keine Ahnung, wie ich auf diese Idee gekommen war, vermutlich war ich schlicht meinem Bauchgefühl gefolgt. Ich wollte ihnen einfach eine Lektion erteilen.

»Monty! Penny! Kommt schon, wir wollen nach Hause!«, riefen wir. Und dann duckten wir uns hinter die Dünen. Am Anfang fand ich es noch witzig, wie wir da nebeneinanderhockten. Dann begann ich, mir Sorgen zu machen. Was, wenn sie uns nicht fanden? Und wenn sie einfach davonrannten, auf die Straße liefen und verletzt wurden?

Wir wollten schon das Handtuch schmeißen und einen Blick über den Rand der Düne werfen, da hörten wir plötzlich die Anhänger ihrer Hundehalsbänder klimpern.

Beide Hunde waren über und über mit Sand bedeckt – weil sie uns riechen, aber nicht sehen konnten, hatten sie auf der Suche nach uns angefangen, in den Dünen zu graben. Und dann waren wir mit einem Mal umzingelt, und es kam mir vor, als wären wir in einen Sandsturm geraten. Die beiden drückten uns feuchte Küsse auf Gesicht und Hände, und man sah ihnen die Erleichterung darüber an, dass sie uns endlich gefunden hatten. Wir konnten gar nicht mehr aufhören zu lachen, weil sich Monty und Penny in ihrer Wiedersehensfreude sogar auf uns setzten. Da versuchten nun zwei kugelrunde Hunde, uns mit ihrem ganzen Körpergewicht daran zu hindern, sie wieder allein zu lassen.

Aber der Plan hatte funktioniert: Die beiden rannten nicht noch einmal weg und kamen von nun an regelmäßig zurück, um nachzusehen, ob wir noch da waren. Außerdem lernte ich einen weiteren Trick: Wenn sie mitkommen sollten, rief ich die beiden, wandte mich dann ab und ging einfach. Penny und Monty schauten sich um und dachten: *Ach, das ist schon in Ordnung, sie sind ja noch da.* Wenn sie aber bemerkten, dass ich mich von ihnen wegbewegte, kamen sie schnell hinterher. Und so lernten sie irgendwann, auf unser Rufen zu hören.

Vor der Ankunft der beiden hatten wir uns zu einem Kurs des *Suffolk Wildlife Trust* angemeldet. Den wollten wir ungern verpassen, deshalb beschlossen wir, unser Geschwisterpaar für ein paar Stunden allein zu lassen. Wir sperrten die zwei in der Küche ein, damit sie nicht allzu viel Unfug treiben konnten, und machten uns auf den Weg.

Der Unterricht gefiel uns ausgezeichnet: Er fand in einem wunderschönen Naturschutzpark statt, wir hatten einen tollen Lehrer, und sowohl die Freiwilligen als auch unsere Kurskollegen waren sehr nett. Aber als wir gut gelaunt nach Hause zurückkehrten, fanden wir in unserer Küche zwei furchtbar aufgebrachte Hunde und keinen Bodenbelag mehr vor. Den hatten sie nämlich mit den Pfoten gelöst und danach in Stücke zerkaut.

»Was machen wir denn jetzt?«, fragte Peter. »Kriegen sie dafür eine Tracht Prügel?«

»Nein«, entgegnete ich, »hier wird niemand geschlagen.«

Ich hatte noch nie ein Tier durch Bestrafung trainiert – selbst auf dem Pferd hatte ich nicht einmal eine Gerte getragen. Einmal hatte mein Vater zu mir gesagt: »Wenn du immer die Gerte dabeihast, dann hast du nur ihretwegen alles unter Kontrolle. Aber sobald sie dir mal runterfällt, macht das Pferd mit dir, was es will. Und eins solltest du auch nicht vergessen: Wenn du irgendein Lebewesen nicht vernünftig behandelst, wird es dir das irgendwann zurückzahlen.«

Mal ganz abgesehen davon, ist das auch überhaupt nicht nötig. Ich glaube nicht, dass irgendjemand je durch Bestrafung gelernt hat, egal ob Mensch oder Tier.

Dennoch mussten wir Penny und Monty irgendwie zeigen, dass das keine gute Idee gewesen war. Deshalb beschlossen wir, unserem Unmut dadurch Ausdruck zu verleihen, dass wir sie ignorierten. Was auch immer sie taten, wir reagierten nicht darauf. Die beiden drehten völlig durch. Nach ein oder zwei Stunden beschlossen wir dann, es endlich gut sein zu lassen, und gaben ihnen ihr Futter. Aber es hatte geholfen, so etwas haben die beiden danach nie wieder angestellt.

Trotzdem wollten wir sie nicht noch einmal allein lassen und fragten daher beim *Wildlife Trust*, ob wir zum Kurs vielleicht zwei »Welpen« mitbringen durften, die wir neu bei uns aufgenommen hatten.

»Kein Problem«, sagte der Lehrer, »die können ja während des Unterrichts draußen auf der Veranda bleiben. Bringen Sie einfach Wasser und ein Körbchen für sie mit, und dann sehen wir mal, wie es läuft. Ehrlich gesagt, freue ich mich sogar darauf.«

Damit hatten wir einen Stichtag. Die beiden brauchten nämlich noch viel mehr Training, bevor sie eine Stunde lang ruhig vor einem Klassenzimmer verharren würden. Wir mussten ihnen das Kommando »Bleib« beibringen, damit wir weggehen konnten und keine Angst haben mussten, dass sie einfach verschwanden.

Am nächsten Tag begannen wir gleich mit dem Unterricht. Dieses Kommando lehrt man üblicherweise mit ähnlichen Methoden wie denen des Trainers aus dem Hundekurs: Man zerrt an der Leine, um den Hund zum Stillstand zu bringen, schiebt seinen Po nach unten, damit er Sitz macht, und zieht dann die Pfoten nach vorne. Das war für mich nie eine Option gewesen – zum einen kam es mir grausam vor, zum anderen hätte ich damit auch die Haut an meinen Händen verletzt. Stattdessen gaben wir den Hunden Leckerlis, wenn sie taten, was wir ihnen sagten, und ignorierten sie, wenn sie nicht gehorchten.

Hunde nur durch Belohnung zu trainieren, funktioniert durchaus, man muss jedoch viel Geduld mitbringen. Wenn uns Pennys und Montys Aufmerksamkeit gewiss war, ließen wir die Leine los und forderten sie auf zu bleiben. Aber sobald wir uns von ihnen entfernten, kamen sie hinterher. Also, was nun? Eins nach dem anderen. Wir machten einen Schritt von ihnen weg, gingen dann wieder zurück und belohnten sie, wenn sie am Platz geblieben waren. Es schien ewig zu dauern. Penny war die Erste, die es begriff. Wir schafften es, dass sie Sitz machte, dann sagte Peter zu ihr: »Bleib du mal hier und warte, ich gehe nur da rüber.« Sie blieb tatsächlich sitzen, man konnte ihr die Sorge allerdings ansehen. *Du gehst doch nicht weit weg, oder?* »Nein, ich bleibe ganz in der Nähe«, versicherte Peter. *Du verlässt mich doch nicht etwa?* »Ich werde dich nie verlassen.« Er blieb ein Stück von ihr entfernt stehen. Penny verharrte da, wo sie war, und schaute zu ihm hoch. *Meintest du so?* »Genau, das ist es, braves Mädchen!«

Wir waren hellauf begeistert, lobten sie überschwänglich und gaben ihr Leckerlis. Irgendwann konnte man ihr direkt ansehen, dass es ihr dämmerte. *Oh, verstehe, ihr wollt, dass ich hier sitzen bleibe, während ihr da rübergeht. Warum habt ihr das denn nicht gleich gesagt?* Monty machte es ihr sofort nach – eine Gelegenheit, an Futter zu kommen, ließ er sich doch nicht entgehen! Nach und nach bauten wir darauf auf, und die beiden blieben länger und länger an einer Stelle. Irgendwann war es endlich so weit, wir hatten zwei Hunde, die man vor dem Klassenzimmer allein lassen konnte.

»Wo sind denn die Welpen?«, fragte der Lehrer, als wir in der Woche darauf mit zwei recht braven vierjährigen Golden Retrievern auftauchten. Dann lachte er, als wir ihm erzählten, warum wir sie als »Welpen« bezeichneten.

Die beiden machten während des Unterrichts keinen Ärger, tatsächlich gaben sie nicht einmal einen Mucks von sich. Sie fanden es toll, dass in der Pause alle so einen Wirbel um sie machten, und Monty ließ sich sogar von einem dreijährigen Jungen an der Leine herumführen. Mit der sprunghaften Penny hätten wir das lieber nicht probiert – die würde immer eine wilde Blondine bleiben.

Von nun an verbrachten wir die Pausen beim Kurs damit, draußen auf der Veranda zu sitzen, Kaffee zu trinken und uns mit den Hunden zu beschäftigen. Danach machten wir mit ihnen einen kleinen Spaziergang am Fluss. Wir passten mit ihrer Ernährung sehr auf, sodass sie allmählich ihr Idealgewicht erreichten und von Tag zu Tag gesünder und glücklicher wurden. Ich kann mich noch gut an das erste Mal erinnern, als ich sie richtig rennen gesehen habe. Damals besuchten wir Bekannte, die auch zwei Golden Retriever hatten – sie waren die besten Freunde von Monty und Penny, sodass wir zusammen ihre Geburtstage feierten. Die Hunde liefen hinter dem Haus unserer Freunde im Garten herum, und als ich sie rief, kam Monty auf mich zugesaust wie ein Zweijähriger. Es war wirklich rührend. Bei Penny war inzwischen selbst das Fell nachgewachsen, das sie durch den Draht im Nacken verloren hatte. Und die beiden waren so lieb und freundlich – eben typische Golden Retriever. Langsam wurde offensichtlich, dass wir da zwei ganz besondere Hunde bei uns aufgenommen hatten. Wie speziell sie wirklich waren, würden wir bald herausfinden.

Kapitel 7

Weit gebracht

Mit Monty und Penny lief es immer besser, und wir liebten sie jeden Tag nur noch mehr. Vom Charakter her waren sie ganz unterschiedlich. Selbst nach all unseren Erziehungsversuchen blieb Penny stets ein wenig aufmüpfig und hörte auf Kommandos selten sofort. *Ja, gleich, wenn ich Zeit habe und wenn es mir passt.* Und sie ließ sich zu absolut gar nichts zwingen. Sie war unglaublich unabhängig – und furchtbar eigenwillig.

Wenn sie im Garten zu graben anfing, riefen wir: »Penny, lass das!« Dann rannte sie einmal im Kreis herum und fing eben an einer anderen Stelle neu an. *Tja, ihr habt doch nur gesagt, dass ich da drüben nicht darf. Hier ist es doch sicher kein Problem.* »Nein, Penny, du darfst nirgendwo buddeln!«

Monty war das völlige Gegenteil: Er brauchte unheimlich viel Bestätigung und wollte ständig gestreichelt und gehätschelt werden. Er war fast ein bisschen zu brav und ergeben. Wenn ich ihn mir als Menschen vorstellte, sah ich einen Mann mit Anzug, Melone und Regenschirm vor mir, der die Hand an den Hut legte und sagte: »Guten Morgen, Madam, schöner Tag heute.« Er war der reinste Gentleman. Penny hingegen war ein echter Wildfang.

Wir nahmen die beiden Hunde überallhin mit, auch in den Urlaub. Als wir einmal mit dem Zug nach Schottland fuhren, passten unsere beiden Vierbeiner leider nicht unter den Sitz des Abteils. Wir entschuldigten uns deshalb bei der Schaffnerin, weil sie eindeutig im Weg waren.

»Tja«, sagte sie, »dann müssen wir Sie wohl in die erste Klasse bringen.«

Die erste Klasse war wundervoll und wahnsinnig luxuriös, und die Angestellten waren von unseren Hunden so hin und weg, dass sie ihnen auch erstklassigen Service boten. Die Schaffnerin fragte, ob sie vielleicht mit den beiden einen Spaziergang durch den Zug machen konnte – sie waren kaum am Ende des Waggons angelangt, da hatte Penny auch schon den ersten Picknickkorb entdeckt und begann, nach Essen zu schnüffeln. Dann wurden plötzlich Bedenken laut, den Hunden könnte zu heiß sein, deshalb wurde die Heizung im kompletten Zug niedriger gedreht! Als wir an unserem Tischchen mit Lampe saßen und fürstlich bewirtet wurden, lachte ich beim Gedanken an den üblen engen Zwinger, aus dem wir Monty und Penny gerettet hatten. Sie hatten es wirklich weit gebracht.

Peter und ich machten gerne Radtouren, deshalb baute er für Monty und Penny einen Fahrradanhänger, allerdings trauten sie sich da am Anfang nicht rein. Also warf ich ein paar Käsekräcker hinein, und schon sprangen sie hinterher. Wenn es etwas zu fressen gab, überwanden sie ihre Ängste schnell!

Einmal fuhren wir mit ihnen in den Urlaub nach Padstow. Eigentlich ist Peter eher schüchtern, daher konnte ich es kaum glauben, als ich sah, wie er dort mit dem Hundeanhänger hinter dem Rad Runden auf einem Parkplatz drehte. Damit brachte er dort alles zum Erliegen, die Leute lachten und klatschten, und selbst Monty und Penny schienen über das ganze Gesicht zu strahlen.

Wir begannen, als Freiwillige im Therapiegarten in der Nähe von Aldeburgh zu arbeiten. Solche Einrichtungen sind für Menschen, die nur schwer Anschluss finden, zum Beispiel Menschen mit Behinderung oder sozial Benachteiligte. Es geht dort darum, neue Leute kennenzulernen, sich an selbst gezogenen Pflanzen zu erfreuen und darüber hinaus neue Fähigkeiten zu erlernen.

Peter hatte beruflich Gartenmöbel gebaut, bevor er die Arbeit für meine Pflege aufgegeben hatte, daher zimmerte er jetzt Bänke und gab Kurse, während ich Pflanzen heranzog. Die verkauften wir bei Wohltätigkeitsveranstaltungen, um den Garten damit zu finanzieren. Die Hunde nahmen wir normalerweise mit. Sie fanden das toll, und es freuten sich auch immer alle, sie zu sehen. Einmal war Penny im Garten plötzlich verschwunden, und ich hielt überall erfolglos nach ihr Ausschau. Plötzlich sah ich sie durch das Fenster des Verwaltungsbüros. Ich machte die Tür auf und entdeckte sie auf dem Drehstuhl des Geschäftsführers. Keine Ahnung, was sie da wollte, sie wedelte einfach nur mit dem Schwanz und schaute mich mit Engelsmiene an.

Die Erziehung der Hunde lief so ausgezeichnet, dass wir beschlossen, Monty und Penny als Therapiehunde bei der Organisation *Pets As Therapy* (*PAT*) anzumelden. Das Konzept dieses wohltätigen Vereins besteht darin, dass Leute ihre Hunde und Katzen in Kliniken, Hospize und Pflegeheime bringen und dass sie den Menschen dort Gesellschaft leisten, ihnen eine Freude machen und sie an der bedingungslosen Liebe teilhaben lassen, die uns nur Tiere entgegenbringen.

Um für die Organisation zu arbeiten, müssen die vierbeinigen Anwärter mehrere Tests durchlaufen. Dabei geht es nicht nur um gute Erziehung, sie müssen auch charakterfest sein – schließlich sollen sie bei der Begegnung mit vielen unterschiedlichen Menschen ruhig bleiben und sich darüber sogar freuen. Wir füllten alle Formulare aus und waren richtig aufgeregt, als man uns den Termin für die Überprüfung mitteilte, aber auch ein bisschen besorgt. Schließlich hatten wir immer noch die wilden und sturen Hunde im Hinterkopf, die wir damals aus dem Zwinger befreit hatten.

Am Tag der Begutachtung benahmen sich Monty und Penny jedoch vorbildlich. Sie ließen sich gern untersuchen und gingen brav an der Leine. Dann wurde getestet, ob sie bei einem plötzlichen lauten Geräusch erschraken. Monty war als Erster an der Reihe, und ich ging mit ihm los. Rums! Ich zuckte zusammen, als hinter uns ein Blech aus Metall zu Boden geschleudert wurde. Monty blieb jedoch ganz ruhig, und bei Penny lief es genauso.

Als schließlich ihr Zeugnis eintraf, stand darin: Hunde problemlos bestanden – Besitzerin durchgefallen!

Wir begannen, Krankenhäuser und Altenheime zu besuchen, und unsere beiden Hunde teilten den Raum dort unter sich auf. Der eine begann links, der andere rechts mit seinem Rundgang.

Alle waren begeistert, und wir fanden es so schön, wie viel Freude sie den Leuten machten. In einer Pflegeeinrichtung für Senioren warnte man mich vor. Es gab dort eine ältere Dame, die nicht sprach, weil sie nichts mehr hören konnte. Deshalb näherte ich mich ihr mit Monty besonders vorsichtig und war bereit, ihn sofort wegzuziehen, wenn es Anzeichen dafür gab, dass ihr die Situation unangenehm war. Stattdessen berührte sie ihn am Ohr und sagte: »So weich.« Als ich ihr Monty vorstellte, wiederholte sie: »So weich.«

Auf dem Weg nach draußen erzählte ich den Leuten vom Personal davon – sie konnten es kaum fassen.

Eine der Schwestern brachte der alten Dame ein Buch und fragte sie, ob sie daraus vorlesen konnte. Sie las mit wunderschöner Stimme. Als die Pflegerin dann fragte, warum sie denn nie zuvor etwas gesagt hatte, erklärte die Frau: »Weil ich nicht hier sein will.« Am liebsten wäre ich in Tränen ausgebrochen, die Situation erinnerte mich so sehr an meine Zeit im Internat.

Bei meinem nächsten Besuch plauderte die Frau mit allen, und man erzählte mir, dass sie ein neues Zimmer hatte und jetzt viel zufriedener war. Ich fragte mich, wie lange es wohl ohne Montys Besuch gedauert hätte, bis sie je den Mund aufgemacht hätte.

Bei einer anderen Gelegenheit besuchten wir ein Krankenhaus und erkundigten uns, ob es irgendwelche Räume gab, die wir nicht betreten durften. Man bat uns, ein Zimmer auszulassen, in dem sich eine sehr kranke alte Dame und ihre Familie befanden. Als wir später schon wieder aufbrechen wollten, öffnete sich die Tür zu genau jenem Raum, und eine Frau kam heraus. Sie erklärte mir, dass ihre Mutter im Sterben lag und auf nichts mehr reagierte. Der Familie war nicht klar, ob die alte Dame sie noch hören konnte und merkte, dass sie bei ihr waren. Daher fragte mich die Tochter der Kranken, ob ich vielleicht mit Monty zu ihrer Mutter gehen konnte. Sie erklärte uns, dass ihre Mum Hunde liebte und mit Sicherheit auf einen reagieren würde, wenn sie es noch konnte. Ich betrat mit Monty das Zimmer und bat ihn, der Patientin die Pfote in die Hand zu legen. Als ich ihre Finger um seine Pfote schloss, legte sich ein wunderschönes Lächeln über ihre Züge. Es war unglaublich bewegend.

Die Familie dankte Monty und mir, und dann brachen wir auf. Als ich später erfuhr, dass die alte Dame kurz darauf gestorben war, war ich so froh, dass Monty ihr in ihren letzten Momenten ein klein wenig Glück geschenkt hatte.

Einmal fragte mich der Leiter einer Grundschule, ob Monty einem kleinen Jungen dabei helfen könnte, seine Ängste zu überwinden. Offenbar fürchtete sich dieser so sehr vor Hunden, dass er lieber auf die Straße rennen, als auf dem Bürgersteig an einem vorbeigehen würde.

Ich erklärte dem Rektor, dass ich zunächst einmal regelmäßig mit Monty am Schulhof vorbeilaufen würde, statt direkt auf das Kind zuzugehen. Mir war es wichtig, dass die Situation nicht erzwungen wirkte.

Monty war absolut großartig. Am Anfang gingen wir nur immer wieder an der Schule vorbei, wenn gerade Pause war. Nach ein paar Tagen erwarteten die Kinder uns bereits, und nach einigen Wochen blieb ich mit Monty vor dem Zaun stehen, um sie zu grüßen. Die Lehrer kannten meine Mission und hielten sich daher im Hintergrund.

Als ich Monty eines Tages bat, Hallo zu sagen, setzte er sich brav hin und gab durch den Zaun hindurch Pfötchen.

Das Kind, dem wir helfen sollten, hielt sich dabei innerhalb der Gruppe in sicherer Entfernung.

Irgendwann beschlossen wir, dass der richtige Moment gekommen war, um den Schulhof zu betreten, wobei wir uns dabei in der Nähe des Tores hielten. Die Kinder waren begeistert.

Während der ganzen Zeit ignorierte ich den ängstlichen Jungen weitestgehend. Ich wollte gern, dass er von sich aus auf uns zukam. Wir besuchten die Schule jeden Tag, und Monty gab bei einigen der Kinder Pfötchen. Jedes Mal drängten sich mehr Schüler um uns, weil die Kleinen Monty einfach liebten. Er freute sich genauso auf sie. Bald hatte er sich an unseren täglichen Ausflug zur Schule gewöhnt und brachte mir sogar zehn Minuten vor der üblichen Zeit die Leine. Ich war so froh, dass er die Gesellschaft der Kinder derart genoss!

Während eines Besuchs hatte sich eine ganze Traube von Schülern um Monty versammelt und streichelte ihn, da entdeckte ich mitten in der Gruppe eine kleine Hand, die sich ganz langsam und vorsichtig auf meinen Hund zubewegte. Der ängstliche Junge berührte Montys Schulter, zog dann schnell die Finger zurück und verschwand wieder. Ich hielt den Blick dabei lieber gesenkt.

Aber unsere Geduld wurde belohnt, und der Junge zeigte sich jeden Tag mutiger. Es dauerte nicht lange, da hockte er lächelnd neben Monty und bombardierte mich mit Fragen über Hunde. Ich hätte kaum glücklicher sein können.

An diesem Tag rief mich der Schulleiter an, um uns zu danken, und der kleine Junge überreichte uns am nächsten Tag eine wunderschöne Karte. Sie kam von seinen Eltern, die Monty dafür danken wollten, dass er so ein toller Hund war.

Dabei war das Vergnügen ganz auf unserer Seite gewesen, und wir gingen auch weiterhin regelmäßig am Schulhof vorbei, um den Kleinen Hallo zu sagen. Mittlerweile kamen aber *alle* von ihnen fröhlich angerannt.

Nach und nach wurde uns klar, dass Monty auf Menschen eine Wirkung hatte, die so nicht alle Hunde hervorriefen. Bei einem Urlaub in Padstow begann er plötzlich, an der Leine zu zerren, und wollte mich über die Straße ziehen. Wir befanden uns in der Innenstadt, es war viel los und auf der Straße herrschte dichter Verkehr. Dass er da hinüberwollte, ergab überhaupt keinen Sinn, aber Monty war ein kräftiger Hund, und ich wusste, dass ich ihn nicht lange halten konnte.

»Dann müssen wir wohl tun, was er will«, meinte Peter.

Als wir die Straße endlich überquert hatten, ging Monty

schnurstracks auf eine Frau im Rollstuhl zu und legte ihr den Kopf aufs Knie. Ich wollte ihn wegziehen, er blieb jedoch fest entschlossen in dieser Haltung stehen.

»Das tut mir wirklich leid«, sagte ich.

»Nein, lassen Sie ihn doch bitte«, entgegnete die Frau. »Ich habe mir so gewünscht, dass er zu mir rüberkommt. Wir mussten unseren Hund vor zwei Wochen einschläfern lassen, und ein bisschen Zuneigung von einem seiner Artgenossen kann ich jetzt gut gebrauchen.«

Bis heute habe ich keine Ahnung, woher Monty wusste, dass er dieser Frau helfen konnte.

Inzwischen lebten wir in Devon – da ständig neue Rapsfelder angelegt wurden, mussten wir wegen meiner Allergie nach wie vor immer wieder umziehen. Wir hatten dort eine wirklich nette ältere Nachbarin, der ich manchmal etwas vom Einkaufen mitbrachte. Auch sonst schaute ich häufig vorbei, um zu sehen, ob ich ihr irgendwie behilflich sein konnte. Dann hielten wir ein Schwätzchen, und ich war unglaublich stolz auf meine Hunde, weil sie bei der alten Dame ganz sanft und vorsichtig waren.

Eines Sonntags waren wir auf dem Weg zur Kirche, da zerrte Monty vor ihrem Gartentor auf einmal an der Leine. Weil ich wusste, dass sie am Sonntag immer ihren Sohn besuchte, versuchte ich Monty von dort wegzulocken, aber er stellte sich stur. »Monty, sie ist doch gar nicht da. Sie ist den ganzen Tag unterwegs!«, beteuerte ich. Trotzdem wollte er sich nicht rühren, er lehnte sich gegen das Gartentor und versuchte sogar, daran hochzuklettern.

»Also wirklich, Monty, jetzt aber los!«, sagte ich. »Sonst kommen wir noch zu spät.«

Letztlich musste Peter ihn hochheben und ins Auto tragen. Am nächsten Tag erzählte ich der Nachbarin davon und rechnete damit, dass sie über die Geschichte lachen würde. Stattdessen wurde sie jedoch ganz ernst.

»Oh, hätten Sie doch geklingelt«, seufzte sie. »Ich war nämlich ganz allein und zu krank, um aus dem Haus zu gehen. Über Besuch von Monty hätte ich mich wirklich gefreut.« Jetzt tat mir die ganze Sache furchtbar leid, und mir wurde in diesem Moment klar, dass Hunde manchmal einfach mehr wussten als wir. Ich beschloss, das nächste Mal auf Monty zu hören, wenn er mir etwas zu sagen versuchte.

Kapitel 8

Penny

Als Monty und Penny ihren neunten Geburtstag feierten, mussten wir wieder daran denken, wie weit es die beiden verängstigten, übergewichtigen Hunde gebracht hatten, die wir damals im Zwinger vorgefunden hatten. Die beiden hatten uns so viel Liebe geschenkt und so viele Menschen um sie herum glücklich gemacht.

Nicht lange nach ihrem Geburtstag fiel uns irgendwann auf, dass Penny unglaublich viel Wasser trank, einfach zu viel. Sie verlangte eine Schale nach der nächsten.

Wir dachten an einen Virus oder eine Infektion und machten einen Termin beim Tierarzt aus. Dort tippte man jedoch eher auf ein Problem mit den Nieren. Es wurden Tests gemacht, auf deren Ergebnisse wir erst einmal warten mussten, aber es sah nicht allzu gut aus.

Das Warten auf die Resultate schien eine Ewigkeit zu dauern, und dann bestätigten sie auch noch, dass Penny an Nierenversagen litt. Den Grund dafür konnte man uns nicht genau nennen – man vermutete, dass sie vielleicht Gift zu sich genommen hatte, eventuell Frostschutzmittel. Das konnte ich mir aber überhaupt nicht vorstellen, weil wir die Hunde doch immer gut im Auge behielten.

Als Penny in der Tierarztpraxis für ein paar Stunden an den Tropf gelegt werden musste, litt Monty ganz furchtbar, da er von ihr getrennt war. Winselnd marschierte er im Raum auf und ab, während wir ihn zu trösten versuchten.

Irgendwann lenkten wir ihn mit einem langen Spaziergang ab, und er war außer sich vor Freude, als Penny endlich wieder nach Hause kam. Er konnte ja nicht wissen, dass wir sie vielleicht nicht für lange zurückhatten.

Der Gedanke daran, unsere Hündin vielleicht zu verlieren, war uns absolut unerträglich. Wir legten eine Matratze auf den Fußboden und schliefen dort alle zusammen. Peter und ich positionierten uns rechts und links von Penny und ließen eine Hand auf ihr ruhen, um mitzubekommen, wenn sie sich nachts rührte.

Ich weiß noch, dass ich versuchte, mich so lange wie möglich wachzuhalten, weil für mich jede einzelne Minute mit Penny so kostbar war. Die kurze restliche Zeit mit ihr wollte ich ungern verschlafen.

Montys Rastlosigkeit in jenen Tagen war furchtbar mitanzusehen, und ich war immer froh, wenn er am Abend endlich zur Ruhe kam. Vermutlich wusste er inzwischen, dass seine wunderschöne Schwester sterben würde.

Deshalb begann er, das Futter zu verweigern, und ging nur noch aus dem Haus, wenn er sein Geschäft verrichten musste. Penny verbrachte in den darauffolgenden Wochen mehr Zeit beim Tierarzt als zu Hause und wurde jeden Tag schwächer, bis sie sich eines Morgens kaum noch auf den Beinen halten konnte.

Peter baute einen Kinderwagen so um, dass wir sie trotzdem auf Spaziergänge mitnehmen konnten – wir legten sie hinein und schoben sie einfach. Und unsere brave Penny versuchte tapfer, so lange wie möglich für Monty und uns durchzuhalten.

Als wir mit den beiden zum Brombeerenpflücken einen Kanal entlangliefen, hielt sich Monty so nah wie möglich bei seiner Schwester, legte die Schnauze in ihren Kinderwagen und brummte ihr leise ins Ohr.

Als Penny dann eines Tages nicht mehr allein den Kopf heben konnte, mussten wir uns eingestehen, dass es nun wohl so weit war. Peter konnte es nicht ertragen, vergrub das Gesicht in ihrem Fell und flehte sie an, doch noch ein wenig zu bleiben. Irgendwann schickte ich ihn dann wegen einer Tüte Milch in den Laden, die wir überhaupt nicht brauchten, und rief in der Tierarztpraxis an. Während ich auf die Ärztin wartete, die man uns schicken wollte, saß ich mit Penny tränenüberströmt da und sang ihr den Psalm vom guten Hirten vor. Beim Eintreffen der Tierärztin brachte ich Monty zu Freunden, weil ich die Vorstellung nicht ertragen konnte, dass er zusehen musste. Er zerrte an der Leine, als ich ihn hinausbrachte, weil er Penny einfach nicht verlassen wollte. Auf dem Rückweg traf ich dann zeitgleich mit Peter ein. »Wo sind denn die Welpen?«, fragte er. Ich holte einmal tief Luft und erklärte ihm die Situation. Als er in den Raum stürmte, saß die Ärztin mit Pennys Kopf auf dem Schoß da, strich unserer Hündin übers Fell und schaute zu Peter und mir hoch.

»Ich glaube, wir müssen Penny jetzt gehen lassen«, sagte sie.

Wir holten die Fotoalben der Hunde heraus und erzählten der Ärztin Pennys Geschichte, wie diese Hündin aus üblen Verhältnissen bei uns ein glückliches Zuhause gefunden hatte. Wie sie nach dem schmutzigen Zwinger in einer liebevollen Familie gelandet war, die sie nicht nur in ein warmes Haus, sondern oft sogar in Hotelzimmer mitgenommen hatte.

Am Ende war uns klar, dass es einfach nicht mehr anders ging. Wir weinten, als die Ärztin Penny eine Spritze gab, unsere Hündin war aber sofort tot. Sie war wohl bereit gewesen zu gehen.

Das tröstete uns ein wenig. Wir dankten der Ärztin und verabschiedeten uns von ihr. Als wir mit Penny allein waren, legten Peter und ich uns auf den Fußboden neben sie. Dann hüllten wir ihren noch warmen Körper in eine Decke und nahmen endgültig Abschied von ihr.

Peter begann, im Garten ein Loch für sie zu graben, war aber so aufgewühlt, dass er einfach nicht mehr aufhören konnte – in die Kuhle hätte auch locker ein Elefant gepasst. Wir begruben Penny zusammen mit ihrem Halsband und Spielzeug, der Leine und einem Foto von Monty.

Das Haus kam uns plötzlich viel zu still vor, deshalb machten wir uns lieber gemeinsam auf den Weg, um Monty abzuholen.

Leider waren wir beide viel zu sehr mit unserem eigenen Schmerz beschäftigt gewesen, um auch nur darüber nachzudenken, was Pennys Tod für ihren Bruder bedeuten würde. Monty rannte zurück nach Hause, stürzte zur Tür hinein und rief nach seiner Schwester. Mit wütend wedelndem Schwanz durchsuchte er jedes Zimmer, bis er irgendwann raus in den Garten und dort winselnd im Kreis lief. Er blieb in der Nähe der Stelle stehen, wo Penny lag, setzte sich schließlich neben ihr Grab und ließ den Kopf hängen.

Als Penny nicht mehr bei ihm war, versank Monty in eine schwere Depression. Später erklärte uns jemand, dass wir ihm ihren Körper hätten zeigen sollen, um ihm zu helfen, mit ihrem Tod fertigzuwerden. Aber dafür war es jetzt zu spät. Auch wir waren wegen Penny am Boden zerstört, deshalb musste Monty darüber hinaus auch noch mit unserer Traurigkeit klarkommen. Leider gab es überhaupt keine Anzeichen dafür, dass er irgendwann darüber hinwegkommen würde. Eher im Gegenteil: Es schien mit jedem Tag schlimmer zu werden.

Unser Hund hatte dem Leben den Rücken gewandt, schien aufzugeben. Monty hatte zu nichts mehr Lust, wollte nicht mehr fressen oder Gassi gehen. Er suchte nur immer weiter nach Penny. Wochenlang rannte er durch alle Räume des Hauses, wenn wir vom Spazierengehen wiederkamen. Eigentlich war er immer ein sehr ruhiger Hund gewesen, jetzt bellte er jedoch laut in jedem Zimmer. Dann lief er zu uns zurück, setzte sich hin, starrte uns an und stieß einen furchtbaren Klagelaut aus. Wenn er ein Mensch gewesen wäre, wäre das eindeutig ein Schluchzen gewesen.

Irgendwann ging er dann nach draußen und setzte sich an Pennys Grab. Ich weiß nicht, was ihm da wohl durch den Kopf gegangen sein muss. Er hatte wohl begriffen, dass seine Schwester nicht mehr da war, schließlich wusste er, dass sie hier begraben lag. Trotzdem durchlief er nach jedem Spaziergang dasselbe grauenhafte Ritual und suchte nach Penny, bis ihm wieder einfiel, dass sie ja tot war.

Das Ganze war so fürchterlich, dass wir ihn nicht mehr allein ließen. Sein Anblick brach uns das Herz. Wir versuchten, ihm das Fressen mit allen möglichen Leckerbissen wieder schmackhaft zu machen, aber das reichte einfach nicht. So langsam fürchteten die Tierärzte um sein Leben, und das versetzte uns natürlich in Panik. Sollte ich meinen geliebten Monty jetzt etwa auch noch verlieren?

Meinem Hals ging es inzwischen immer schlechter. Das größte Problem war dabei meine Allergie gegen Raps – wenn ich auch nur kurz in die Nähe eines Rapsfeldes kam, bedeutete das noch mehr Blasen und Narben im Hals, die mir das Sprechen und Essen erschwerten.

Deshalb wollten Peter und ich die Gebärdensprache erlernen, um uns damit zu verständigen, wenn mir das Sprechen schwerfiel.

Dabei gab es nur ein Problem, dass nämlich meine Hände auch nicht sehr beweglich waren. Durch die vielen Narben hatte sich die Haut zusammengezogen, sodass meine Finger immer kürzer wurden. Man bot mir eine Operation an, um sie wieder zu richten, die wäre aber sehr unangenehm gewesen. Ich sprach mit jemandem, der den Eingriff hatte vornehmen lassen, und er erklärte mir, dass er die Hände erst neun Monate später wieder normal hatte benutzen können.

Stattdessen versuchte ich es lieber mit Schienen, die die Hände langsam richten sollten. Aber damit sie effektiv waren, musste ich sie acht Stunden am Tag tragen – zuerst vier Stunden morgens an der einen, dann vier Stunden nachmittags an der anderen Hand. Nachts konnte ich sie leider nicht anlegen, um mich damit nicht versehentlich im Gesicht zu verletzen.

Ich fand es furchtbar, für alles nur eine Hand benutzen zu können, und wollte mir auch nicht ständig von Peter helfen lassen. Eines Abends war mein Mann gerade draußen, als es an der Zeit war, die Schiene abzunehmen. Ich konnte sie nicht allein aufmachen, aber auch nicht die Tür öffnen, um Peter zu rufen. Und da mir meine Unabhängigkeit immer schon wichtig gewesen war, wollte ich auch lieber selbst nach einer Lösung suchen. In diesem Moment fiel mein Blick auf Monty, und mir kam eine Idee.

»Kannst du das vielleicht aufmachen?«, fragte ich ihn und zeigte ihm den Klettverschluss an der Schiene. Ich deutete mit dem Finger darauf und bat ihn, daran zu ziehen. Er berührte die Schiene mit der Schnauze. »Ziehen, du sollst daran ziehen«, erklärte ich. Als ich immer wieder darauf tippte, bekam er den Klettverschluss irgendwann mit dem Maul zu fassen, und ich zog die Hand weg, sodass er sich öffnete. Als unser Hund endlich begriff, worum es hier ging, hätte er es am liebsten gleich noch einmal gemacht.

Monty liebte dieses neue Spiel – sobald ich die Schiene anlegte, wollte er sie mir wieder abnehmen. Deshalb brachte ich ihm bei, erst auf mein Stichwort zu warten. Als er das gelernt hatte, musste ich nur »Zieh« sagen, und er machte sich gleich ans Werk.

Dann suchte er nach weiteren Klettverschlüssen, die er öffnen konnte. Meine Schuhe haben alle welche, und Monty lernte, sie mit den Zähnen zu öffnen und mir abzustreifen.

Es war wirklich nützlich, dass er all diese kleinen Aufgaben für mich übernehmen konnte. Die größte Belohnung dabei war für mich jedoch, dass er zum ersten Mal seit Pennys Tod wieder für irgendetwas Begeisterung zeigte. Endlich kehrte sein alter Schwung zurück. Dieses neue Spiel war seine – und meine – Rettung.

Kapitel 9

Monty wird zum Helfer

Je mehr Monty mir zur Hand gehen konnte, desto glücklicher wurde er. Ich fing an, ihm immer neue Sachen beizubringen, und er lernte schnell. Bald half er mir dabei, Pullover, Hose und Socken auszuziehen. Er hob Sachen für mich auf und lernte sogar, die Waschmaschine auszuräumen. Peter musste dafür zwar die Tür aufmachen – damals hätte ich noch nicht gedacht, dass ein Hund die aufbekommen würde –, aber dann holte er jedes Kleidungsstück mit dem Maul heraus und beförderte es in den Korb.

Er trug auch seine Leine selbst, zog mir die Jacke aus, transportierte den Einkaufskorb oder Dinge im Haus. Monty brachte Peter Nachrichten von mir und holte die Post. Es machte uns einen Riesenspaß, uns neue Sachen auszudenken, die wir mit ihm einüben konnten.

Wie bei seinem »Welpentraining« arbeitete ich auch dabei ausschließlich mit Belohnungen für richtiges Benehmen. Er verstand nicht immer sofort, was ich von ihm wollte, aber ich war geduldig, und sobald er etwas beherrschte, musste ich ihn darum nicht einmal mehr bitten. Wenn die Waschmaschine durchgelaufen war, trottete er auch schon los, um sie auszuräumen. Jedes Mal, wenn ich meine Schuhe holen wollte, erschien Monty auf der Bildfläche: *Kann ich das für dich machen, Mum?* Er war immer schon ein echter Gentleman gewesen.

Monty hatte sich von einem Tag auf den anderen verändert. Mir zu helfen, hatte ihm im Leben eine neue Perspektive gegeben. Er begann, mehr zu fressen, und freute sich endlich wieder auf seine Spaziergänge. Unser Monty war zurück!

Golden Retriever sind von Natur aus hilfsbereite Tiere, deshalb bin ich mir ganz sicher, dass Monty seine neue Aufgabe ganz toll fand, aber sie lenkte ihn eben auch von Penny ab und gab seinem Leben nach ihrem Tod einen Sinn. Und durch seine neue Rolle gewann er auch an Selbstbewusstsein. Monty hatte sein ganzes Leben zusammen mit Penny verbracht, er war immer die Hälfte eines Duos gewesen. Jetzt bildete er wieder ein Zweiergespann, aber dieses Mal mit mir. Er war immer so ein liebevoller Hund gewesen, und jetzt begriff er zum ersten Mal, dass ich ihn genauso sehr brauchte wie er mich. Ich glaube nicht, dass er das vorher verstanden hatte.

Mich veränderte Montys Hilfe auch. Als Kind hatte ich im Internat Eigenverantwortung gelernt, weil man sich nicht groß um uns gekümmert hatte. Weil ich mich damals daran gewöhnt hatte, selbstständig zu sein, fand ich es schlimm, mich mit dem fortschreitenden Verlauf meiner Krankheit immer mehr auf andere Menschen verlassen zu müssen.

Ich kam mir so unfähig vor, und es war auch einfach

nicht fair. Wenn Peter mich versorgte, gab er immer nur, und ich nahm lediglich. Bei Monty war das anders – ich ließ mir von ihm bei alltäglichen Handgriffen helfen, aber ich kümmerte mich auch um ihn, wusch, bürstete und fütterte ihn. Er brauchte mich genauso wie ich ihn. Mir tat es gut, auch mal auf der Seite der Gebenden zu sein.

Monty und ich hatten immer schon eine sehr enge Verbindung gehabt, und er hatte mich ja von Anfang an zu seiner Besitzerin auserkoren. Penny hatte sich ja Peter ausgesucht – vermutlich hatte sie genau gewusst, dass sie bei ihm mit viel mehr durchkommen würde, weil er so lieb und geduldig war! Aber jetzt wurde meine Bindung zu Monty noch enger, inzwischen waren wir unzertrennlich.

Irgendwann erkannten wir, dass Monty mir auch beim Gehen helfen und mich ausbalancieren konnte. Hinzufallen war bei meiner Haut nämlich eine absolute Katastrophe, und ich fühlte mich viel sicherer, wenn ich mich an Monty festhielt. Wir besorgten ihm ein Brustgeschirr, so konnte er mir beim Treppensteigen behilflich sein oder mich vom Sofa hochziehen. Im täglichen Leben verließ ich mich immer mehr auf ihn, ich brauchte ihn. Wie sehr, das würde ich bald erst herausfinden.

Seit meinem siebzehnten Lebensjahr leide ich an Migräne. Bei meinem ersten Migräneanfall fuhr ich gerade von der Arbeit mit dem Bus nach Hause, als ich plötzlich schreckliche Kopfschmerzen bekam und vor meinen Augen Flecken zu tanzen begannen. Irgendwann konnte ich dann gar nichts mehr sehen – und dieser Zustand dauerte eine ganze Stunde an. Die Ärzte erklärten mir damals, es sei stressbedingt.

Die Migräne kam immer wieder und wurde jedes Mal vom Verlust der Sehkraft begleitet. Manchmal war es auch so schlimm, dass ich nicht sprechen konnte. Obwohl ich in meinem Kopf alles ganz genau formulieren konnte, brachte ich nur wirres Zeug hervor, wenn ich den Mund aufmachte. Es war geradezu unheimlich. Als ich noch jünger war, hatte ich aus diesem Grund Angst, draußen allein unterwegs zu sein, vor allem auf dem Pferd. Am Anfang blieb ich deshalb immer in der Nähe der Weide, falls unterwegs meine Sehkraft schwinden sollte. Aber irgendwann hatte ich genug von diesen Einschränkungen und traute mich wieder weiter weg. Wenn ich unterwegs einen Migräneanfall bekam und nicht mehr richtig sehen konnte, ließ ich einfach die Zügel locker, und mein Pferd führte mich wieder zurück zu seiner Wiese.

Doch wenn man ohne ein Tier draußen allein ist und sich nicht mehr auf seine Augen verlassen kann, ist das wirklich Angst einflößend. Man kann nicht sehen, wen man vielleicht um Hilfe bitten könnte – und wer womöglich sogar eine Gefahr darstellt. Früher hab ich mich deshalb manchmal gut umgesehen und mir einzuprägen versucht, wer sich in meiner Umgebung befindet und wen ich im Notfall ansprechen könnte. Aber wer kann das schon ständig durchhalten? Auch wegen der Migräne habe ich lange Zeit das Haus nur selten allein verlassen.

Eines Tages ging ich mit Monty spazieren, da wollte

er sein Geschäft verrichten. Als ich ihm ein Eckchen mit Rasen suchte, passierte auf einmal etwas Seltsames. Es sah aus, als würde das Gras flimmern, und es schienen Lichtblitze daraus hervorzuschießen.

Ich begriff einfach nicht, was da los war, bis ich feststellte, dass ich zwar meine Hand sehen konnte, aber nicht den ausgestreckten Arm. In diesem Moment wurde mir klar, dass da ein Migräneanfall im Anmarsch war und meine Sehkraft unbeständig wurde, bevor sie völlig aussetzen würde. Als ich Peter anzurufen versuchte, konnte ich das Handy in meinen Fingern bereits nicht mehr erkennen.

Ich versuchte, nicht in Panik zu geraten, sondern sagte ganz ruhig zu Monty: »Hör mal, gehen wir zum Bus rüber?«

Während ich ihm folgte, hoffte ich nur, er wusste, was er da tat. In dieser Situation musste ich Monty völlig vertrauen. Als er dann schließlich stehen blieb, überkam mich auch bald Erleichterung, weil ich einen herannahenden Bus hörte. Monty hatte es also geschafft!

Ich schob ihm meine Fahrkarte ins Maul, wie ich es immer machte, und er reichte sie dem Busfahrer. Aber ich muss wohl seltsam ausgesehen haben, er fragte nämlich: »Ist alles in Ordnung mit Ihnen, Liebes?«

»Nein«, erklärte ich, »ich hab einen Migräneanfall und kann deshalb nichts mehr sehen.«

»Keine Sorge, ich weiß, wo Sie wohnen. Ich sage Ihnen Bescheid, wenn Ihre Haltestelle kommt.«

Dafür war ich ihm dankbar, gleichzeitig war ich aber neugierig und wollte gern wissen, ob Monty das auch allein geschafft hätte.

»Könnten Sie vielleicht darauf achten, ob mein Hund von selbst weiß, wann wir aussteigen müssen?«, fragte ich daher.

Ich ließ mich von Monty an meinen üblichen Platz bringen und wartete gespannt ab. Als der Bus irgendwann langsamer wurde, stand mein Hund auf, und ich folgte ihm.

Tatsächlich bestätigte mir der Fahrer, dass Monty sich richtig entschieden hatte. So ein cleveres Kerlchen! Zum Glück war die Bushaltestelle direkt vor unserem Haus, und wir mussten nicht mehr weit laufen, aber irgendwann blieb Monty plötzlich wie angewurzelt stehen. Ich ahnte, was los war: Offenbar war das Gartentor zu, und er wartete darauf, dass ich es aufmachte.

Allerdings traute ich mich nicht, so blind herumzutasten, weil ich mit einem falschen Griff die Haut an meiner Hand beschädigen konnte.

Deshalb bat ich Monty zu bellen, und tatsächlich kam kurz darauf Peter herausgelaufen. Er wusste sofort, was los war, da er es immer merkte, wenn ich meine Sehkraft verlor. Offenbar sah ich dann direkt durch ihn hindurch.

Monty hatte uns beide nach Hause gebracht. Als ich in Schwierigkeiten gesteckt hatte, hatte er genau gewusst, was zu tun war. Von dem Augenblick an verließ ich das Haus mit ihm völlig unbesorgt.

Am Weihnachtsfest nach Pennys Tod waren wir zu einer Feier eingeladen. Peter und ich gehörten einer Gruppe für Menschen mit Behinderung an, in der wir alles Mög-

liche zusammen unternahmen: Es gab Kunst- und Werk-
kurse oder die Gelegenheit zum Musizieren. Nun wollte
sich die Gruppe zu einem Weihnachtsessen in einem Restaurant treffen, und ich wäre beinahe nicht hingegangen,
weil wir Monty dorthin nicht mitnehmen konnten. Inzwischen waren wir drei zu einem unzertrennlichen Klee-
blatt zusammengewachsen, und ich wollte unseren Hund
nicht allein zurücklassen. Außerdem übernahm Peter wieder die Rolle des Pflegers, wenn Monty nicht dabei war:
Er half mir in die Jacke, stützte mich beim Gehen und
war ständig um mein Wohlergehen besorgt. Mir gefiel das
nicht, die Situation war für uns beide unangenehm.

Trotzdem wollten wir so gern unsere Freunde aus der
Gruppe sehen, und weil eine Nachbarin auf Monty aufpassen konnte, machten Peter und ich uns schließlich
ohne ihn auf den Weg.

Das Erste, was ich beim Eintreffen auf der Party entdeckte, war ein gelber Labrador. Während ich sehnsüchtig
an Monty dachte, fragte ich mich, warum der Hund dieser
Frau denn im Restaurant sein durfte. Da fiel mir auf, dass
er eine bunte Weste trug und seinem im Rollstuhl sitzen-
den Frauchen genauso half wie Monty mir. Er zog ihr die
Jacke aus und blockierte die Bremsen ihres Stuhls, als sie
ihn darum bat.

Ich war neugierig, also ging ich zu der Dame herüber
und fragte sie, warum ihr Hund denn eine Weste trug.

»Oh, das ist mein Assistenzhund Perry«, lautete ihre
Antwort. Weil ich von Assistenzhunden noch nie gehört
hatte, erklärte sie mir, dass Perry dazu ausgebildet war,

ihr im Alltag zu helfen, so wie Monty das bei mir machte. Aber anders als Monty war ihr Hund bei einem wohltätigen Verein registriert und trug daher diese Jacke. Deshalb durfte er sie auch dorthin begleiten, wo Hunde normalerweise verboten waren.

»Er kommt überallhin mit«, sagte sie, »ist immer an meiner Seite.«

»Moment mal, das ist erlaubt? Er darf in Läden und Cafés? Sogar ins Krankenhaus?«

»Genau«, lächelte sie. »Ich bin jetzt viel unabhängiger. Perry hat mein Leben komplett verändert.«

Ich behielt die Frau während des ganzen Abends im Auge. Sie wirkte so glücklich und entspannt, während Perry für sie all das tat, was Peter für mich erledigte. Ich hingegen konnte so gar nicht abschalten, weil ich die Situation meinem Mann gegenüber unfair fand. Er konnte den Abend nicht genießen, weil er sich ständig um mich kümmern musste.

Und in diesem Moment beschloss ich, dass ich Monty auch unbedingt so eine Weste besorgen musste, damit er rund um die Uhr für mich da sein konnte. Ich stellte mir vor, wie er mich ins Krankenhaus begleiten und mit mir zum Einkaufen oder zum Gebärdensprachenunterricht kommen würde … Damit würde so viel Druck von Peter abfallen, und ich hätte weitaus mehr Freiheit.

Als wir nach Hause zurückkamen, war Monty überglücklich, uns zu sehen. Ich umarmte ihn, als er mir mit meinen Hausschuhen im Maul entgegenkam.

»Wir lassen dich registrieren, Monty«, sagte ich zu ihm.

»Du wirst ein offizieller Assistenzhund und bekommst so eine Weste. Dann können wir überall zusammen hinge-hen.« Ich war fest entschlossen, mich am nächsten Tag auf die Suche nach einer Organisation zu machen, die uns helfen könnte. Und ich würde nicht aufgeben, bis nicht auch Monty seine eigene Weste hätte.

Kapitel 10

Vom Zwingerhund zum Assistenzhund

Am nächsten Tag begann ich mit meinen Nachforschungen, ich setzte mich an den Computer und gab bei Google »Hunde helfen Menschen« ein. Die Suchergebnisse verblüfften mich. Unter dem Dachverband *Assistance Dogs UK* hatten sich mehrere Organisationen zusammengefunden, die Hunde dazu ausbildeten, mit ihren einzigartigen Fähigkeiten Menschen zu helfen.

Manche der Vereine halfen Leuten mit eingeschränkter Bewegungsfähigkeit, wie zum Beispiel der Dame im Rollstuhl beim Weihnachtsessen. Andere bildeten zum Beispiel »Hörhunde« aus, damit Menschen mit eingeschränktem Hörsinn wussten, wann jemand an der Tür war, das Telefon klingelte oder, noch wichtiger, wann ein Feueralarm losging.

Es gab Warnhunde, die sich um Menschen mit Typ-1-Diabetes und anderen lebensbedrohlichen Krankheiten kümmerten. Diabeteswarnhunde waren darauf trainiert, bei ihrem Menschen zu niedrigen oder zu hohen Blutzuckerspiegel zu erkennen und dann das notwendige medizinische Material zu holen.

Während der Ausbildung rochen sie an Atemproben

und lernten, die Gerüche bei unterschiedlichen Blutzuckerwerten zu unterscheiden. Andere halfen Menschen mit der Addison-Krankheit, posturalem orthostatischem Tachykardiesyndrom und Narkolepsie, wieder andere konnten für ihre allergischen Besitzer auch den kleinsten, aber lebensgefährlichen Anteil von Nüssen im Essen entdecken. Manche Nussallergien waren so heftig, dass selbst der Geruch davon eine Reaktion auslösen konnte. Derartig trainierte Hunde erkannten das Aroma sogar in der Luft und führten ihre Besitzer um gefährliche Stellen herum.

Die Organisation *Medical Detection Dogs* bildete auch Hunde aus, die durch Urin- oder Atemproben Krebs diagnostizierten. Mit ihrer unglaublich feinen Nase konnten sie vom Krebs erzeugte flüchtige Verbindungen erkennen. Man hoffte sogar, dass man die Krankheit vielleicht einst durch Hunde in einem viel früheren Stadium erkennen könnte, und diese Methode war auch dort eine Alternative, wo andere Untersuchungen unklare Ergebnisse lieferten.

Auf den Websites der Hilfsorganisationen waren viele persönliche Geschichten von Menschen mit einem Assistenzhund zu lesen. Obwohl all diese Tiere ihren Herrchen auf ganz unterschiedliche Art und Weise zur Seite standen, äußerten sich ihre Besitzer meist sehr ähnlich: Der Hund habe ihnen mehr Selbstbewusstsein gegeben, mehr Freiheit und Unabhängigkeit, außerdem sei er ihnen ein wahrer Freund. Und so war es bei Monty und mir ja auch.

Ich fing an, die Organisationen abzutelefonieren, erzählte den Leuten dort von Monty und fragte, ob er vielleicht eine ihrer Westen bekommen könnte. Die Antwort lautete jedes Mal Nein. Diese Vereine hatten intensive Trainingsprogramme, die von erfahrenen Trainern geleitet wurden, und fingen mit der Ausbildung des Hundes an, wenn er noch ganz klein war. Eine solche Jacke bekam nur ein Hund, der eins ihrer Programme durchlaufen hatte, und dafür war Monty einfach zu alt, erklärte man mir. Mit seinen neun Jahren war er in einem Alter, in dem viele Assistenzhunde bereits in Rente gingen.

Irgendwann hatte ich dann *Canine Partners* am anderen Ende der Leitung, eine Organisation, die Hunde für Menschen mit eingeschränkter Bewegungsfreiheit ausbildete. Ihre Tiere taten alle möglichen Sachen, die Monty ja auch konnte – sie öffneten und schlossen Türen, drückten auf Knöpfe oder räumten die Waschmaschine aus.

Auf ihrer Website hatte ich gesehen, dass diese Vierbeiner Menschen mit multipler Sklerose und Rückenmarkverletzungen halfen. Es schien niemand mit EB darunter zu sein, aber ich wusste ja bereits, wie sehr ich von Montys Hilfe profitierte.

Zu diesem Zeitpunkt hatte ich die Hoffnung auf eine Weste für ihn allerdings weitestgehend aufgegeben. Ich wusste nicht, wie ich jemanden davon überzeugen sollte, Monty als Assistenzhund zu akzeptieren. Während all der Telefonate war mir jedoch immer klarer geworden, wie hilfreich ein solcher Hund für mich sein könnte. Daher beschloss ich, mich für einen Assistenzhund zu bewerben, wenn Monty keiner werden konnte.

Die Dame, mit der ich bei *Canine Partners* sprach, war sehr nett und zuvorkommend. Sie erklärte mir, dass die Organisation noch nie mit EB-Patienten zusammengearbeitet hatte und vielleicht keinen Hund finden würde, der sanft genug für meine empfindliche Haut war. Daran hatte ich noch gar nicht gedacht. Mit Monty hatte ich wirklich Glück gehabt, weil er so ein lieber Hund war und mir noch nie aus Versehen wehgetan hatte. Aber die Frau wollte gern sehen, ob sie etwas für mich tun konnte.

»Wobei sollte der Hund Ihnen denn helfen?«, fragte sie.

»Na ja, ehrlich gesagt, habe ich bereits einen Hund, der mir zur Hand geht«, erklärte ich.

»Und was macht der so alles für Sie?«

Ich las ihr die Liste der Dinge vor, die Monty für mich tat: Er balancierte mich beim Gehen aus, auch auf Treppen, hob Sachen auf oder trug sie für mich, half mir beim Ausziehen, räumte die Waschmaschine aus, zog mir die Schienen von den Händen und machte den Klettverschluss an meinen Schuhen auf.

»Und wer hat ihn dafür trainiert?«, erkundigte sich die Frau.

»Das war ich selbst.«

Am anderen Ende herrschte einen Moment Schweigen. »Das kann doch nicht sein! Unsere Hunde werden von Experten ausgebildet und brauchen trotzdem Jahre, bis sie so ein hohes Niveau erreichen.«

»Er ist wirklich ein toller Hund«, entgegnete ich. »Er benimmt sich einfach vorbildlich und ist auch als Therapiehund registriert. Er macht alles, worum ich ihn bitte.«

»Ich denke, dass ein neues Tier für Sie trotzdem besser wäre«, sagte die Frau. »Aber bringen Sie Monty bei Ihrem Besuch hier doch ruhig mit. Wenn wir Sie zusammen sehen, können wir besser einschätzen, was für ein Tier wir für Sie suchen müssen.«

Mir wurde das Herz ganz schwer, als ich den Hörer auflegte. Schon klar, eigentlich hätte ich mich freuen sollen wie ein Schneekönig. Schließlich war ich der Rundumpflege, die ich brauchte, einen guten Schritt näher. Und das würde für Peter und mich alles zum Guten hin verändern.

Aber ich hatte es in diesem Moment begriffen: Mein Assistenzhund würde nicht Monty sein. Ich hatte doch miterlebt, wie er durch die Hilfe für mich wieder aufgeblüht war. Dann musste ich daran denken, wie deprimiert er nach Pennys Tod gewesen war, und befürchtete, er könne wieder in ein tiefes Loch fallen, wenn er allein zu Hause bleiben musste. Und selbst, falls er damit klarkommen würde, machte mich die Vorstellung von einem neuen Hund an meiner Seite traurig.

Das Ganze bedrückte mich so sehr, dass ich fast nicht zu dem vereinbarten Treffen gegangen wäre. Auf der Fahrt zur Zentrale von *Canine Partners* kam ich mir wie eine Verräterin vor. Monty war schließlich der Hund, den ich liebte und auf den ich mich verließ.

Als wir bei *Canine Partners* ankamen, öffnete ich für Monty die Autotür und sagte wie immer »Bleib!«. Er wartete, während ich nach hinten ging und meine Krücken aus dem Kofferraum holte.

Dann rief ich ihn, damit er kam und mich beim Gehen ausbalancierte. Mit Peter und Monty zusammen betrat ich das Gebäude.

Die Zentrale der Organisation war wirklich unglaublich, so etwas hatte ich noch nie gesehen. An den Wänden hingen Fotos von Hunden, die unfassbare Dinge taten, und auf dem Gelände wurden Tiere von Trainern in Rollstühlen ausgebildet, damit sie bald für jemanden ein treuer vierbeiniger Partner werden würden. Wieder schoss mir durch den Kopf: *Aber es wird eben nicht Monty sein*. Am liebsten hätte ich mich umgedreht und wäre wieder gegangen.

Eine sympathische Frau namens Nina Bonderenko stellte sich uns als Geschäftsführerin der Organisation vor. Ich bin immer noch überzeugt, dass wir damals großes Glück hatten, mit Nina persönlich sprechen zu können. Ganz offensichtlich war sie nämlich begeistert von Monty: Sie schloss ihn in die Arme und schenkte ihm ihre ganze Aufmerksamkeit. Schließlich sprachen wir darüber, auf welche Art und Weise Assistenzhunde Menschen helfen können. Sie begleiten ihre menschlichen Partner überallhin – in Krankenhäuser, Läden und Cafés. Meinem neuen Hund würde nirgendwo der Zugang verwehrt sein. Aber wieder drängte sich mir das Bild von einem traurigen Monty auf, der zu Hause sitzt, und ich wäre beinahe aufgestanden, um wieder zu gehen. Da forderte mich Nina jedoch auf: »Zeigen Sie mir doch mal, was Monty alles kann. Ich möchte gern sehen, wie er Ihnen hilft, dann kann ich mir eine bessere Vorstellung davon machen, was für einen Hund Sie brauchen.«

Also zog mich Monty beim Treppensteigen, hob Sachen für mich auf und blieb dicht an meiner Seite, um mich beim Gehen auszubalancieren. Ich ließ ihn all die Dinge vorführen, die ich ihm beigebracht hatte, und er machte dabei nicht einen einzigen Fehler. Das zerriss mir das Herz, weil er damit nur sein eigenes Schicksal zu besiegeln schien.

Nina war sichtlich beeindruckt.

»Was für ein Schatz!«, rief sie. »Da gibt es überhaupt nichts zu bemängeln. Und wie gerne er die Arbeit erledigt, er ist ja ein richtiger Gentleman!«

Mir wurde das Herz ganz schwer, wie sollte ich ihr denn jetzt beibringen, dass ich hier gerade ihre Zeit vergeudet hatte? Es gab auf dieser Welt doch nur einen einzigen Hund, von dem ich gern versorgt werden wollte.

Die Geschäftsführerin schlug vor, dass wir jetzt erst einmal etwas zu Mittag aßen, während sie sich unsere Situation durch den Kopf gehen ließ. Ernst und bedrückt saßen wir vor unseren Tellern.

Ich fragte Peter nach seiner Meinung. »Wir würden vermutlich schon mit zwei Hunden klarkommen, schließlich sind wir auch zu zweit. Vielleicht könnte ich dann bei Monty bleiben, wenn du mit dem Assistenzhund unterwegs bist.«

»Oder wir könnten einfach mit Monty weitermachen und die ganze Sache mit dem neuen Hund vergessen«, erwiderte ich.

»Aber du brauchst doch Begleitung zu deinen Kursen oder zum Einkaufen und im Krankenhaus.«

Nach dem Essen wussten wir immer noch nicht, was wir tun würden. Ein Teil von mir wollte sich einfach nur Monty schnappen, mit ihm nach Hause fahren und vergessen, dass wir je hier gewesen waren. Aber dann erschien Nina mit einem breiten Grinsen.

»Ich hab beim Mittagessen mit den Treuhändern gesprochen, und die fanden es Quatsch, extra einen anderen Hund zu trainieren, wenn Monty für den Job doch perfekt ist. Wir werden ihn noch einmal professionell beurteilen, sowohl hier in der Zentrale als auch bei Ihnen zu Hause und bei einem Ausflug in die Stadt. Aber wenn er diese Tests besteht, nehmen wir Monty gerne in unser Team auf. Dann ist er offiziell Ihr Assistenzhund.«

Ich konnte es kaum fassen, damit waren all unsere Probleme gelöst! Monty durfte mein Assistenzhund werden – es war zu schön, um wahr zu sein!

»Ich hab den Treuhändern schon erklärt, dass Sie sich voll und ganz auf Monty verlassen können. Er ist ein ganz zauberhafter Hund, das sieht man ja auf den ersten Blick.«

Ich wusste nicht, ob ich lachen oder weinen sollte. Während ich Monty in die Arme schloss, dankte ich Nina immer wieder.

Sie erklärte mir, dass viele Leute anfragten, ob *Canine Partners* ihr Tier nicht zum offiziellen Assistenzhund ernennen könnte. Diese Hunde seien aber nie gut genug trainiert. Deshalb hatte man bis jetzt immer abgelehnt. Monty war in dieser Hinsicht wirklich eine Überraschung.

Nun erwähnte Nina auch, dass sie uns am Morgen aus

dem Bürofenster gesehen und mit Erstaunen beobachtet hatte, wie Monty auf mein Kommando hin zunächst im Auto geblieben war.

»Die meisten Hunde springen aus dem Wagen, sobald man die Tür aufmacht«, erklärte sie. »Als ich gesehen habe, wie brav Monty gewartet hat, hab ich mir schon gedacht, dass dieser Hund anders ist.«

Das war er wirklich, und das hatte ich bereits von dem Tag an gewusst, als wir ihn bei uns aufgenommen hatten. Aber eine Karriere vom Zwingerhund zum Assistenzhund hatte selbst ich mir für ihn nicht erträumt.

Kapitel 11

Mein erster Hundepartner

Natürlich musste sich Monty seine Weste erst noch verdienen. Nachdem ich Nina überschwänglich gedankt hatte, verabredeten wir uns für ein weiteres Treffen, bei dem man sein Verhalten in der Öffentlichkeit beurteilen würde. Wegen Montys Erfahrung als Therapiehund machte sich Nina überhaupt keine Sorgen darüber, ob er sich unter Menschen oder im Krankenhaus benehmen würde, einer der wichtigen Punkte war jedoch sein Benehmen im Supermarkt. Man würde Monty speziell dahingehend trainieren müssen, dass er nicht an Lebensmitteln schnüffelte oder gar versuchte, sie zu fressen. Ich war zu allem bereit, wie lange es auch dauern würde. Hauptsache, Monty bekam seine Weste.

Wir fuhren mit dem Auto schon vom Parkplatz, da kam Nina noch einmal heraus und bat uns anzuhalten. Sie hatte in einem Laden in der Nähe angerufen, der der Organisation öfter einmal half. Obwohl Monty noch kein offizieller Assistenzhund von *Canine Partners* war, hatte man sich in dieser *Budgens*-Filiale dazu bereit erklärt, uns dort üben zu lassen.

»Lassen Sie uns doch mal sehen, wie er sich zwischen

all den Lebensmitteln benimmt«, schlug Nina vor. »Dann können wir besser einschätzen, wie viel wir noch mit ihm arbeiten müssen.«

Wir fanden das alles fabelhaft und aufregend, daher parkten wir bereitwillig wieder und folgten Nina zum Supermarkt. Ich hoffte sehr, dass Monty sich zurückhalten würde, obwohl ich das noch nie von ihm verlangt hatte.

Bisher hatte ich ihm nur beigebracht, bei seinen Einsätzen als Therapiehund in Seniorenheimen und Krankenhäusern Essen zu ignorieren. Und zu Hause konnte ich ihn mit einem »Hör auf zu schnüffeln!« davon abbringen, seine Schnauze in alles zu stecken, aber die Gänge im Supermarkt waren natürlich viel verführerischer.

Monty sah toll aus, als man ihm eine vorläufige Trainingsweste anlegte, und ich war unheimlich stolz auf ihn. Wir betraten zusammen den Laden, und dann bat Nina mich, mit Monty die Gänge abzulaufen, damit sie sehen konnte, wie er sich verhielt.

»Okay, Monty«, sagte ich leise zu ihm. »Jetzt gib dein Bestes, das hier ist wichtig.«

Okay, Mum.

Wir gingen den ersten Gang entlang. »Nimm die Schnauze da weg, Monty.«

Kein Problem.

»Nicht schnüffeln, Monty.«

In Ordnung.

Monty ging neben mir, blickte starr nach vorne und ignorierte das ganze Essen. Ich konnte kaum glauben, wie vorbildlich er sich benahm.

Eigentlich hätte ich ja gedacht, dass er in der nächsten Abteilung angesichts von gebratenem Hähnchen und frischem Brot schwach werden würde, aber zu meiner Verblüffung hielt er sich weiterhin konzentriert an meiner Seite. Er war so brav, als wüsste er genau, was hier auf dem Spiel stand.

Begeistert bat mich Nina, das Ganze noch einmal zu wiederholen. Wir gingen dieselbe Strecke erneut, liefen die Gänge auf und ab, und wieder verhielt sich Monty tadellos. Er hörte aufs Wort und blieb nicht ein einziges Mal stehen, um zu schnüffeln.

»Oh, er ist wirklich toll, ein echter Schatz!«, schwärmte Nina. Sie beschloss, dass sie eine Trainerin zu uns nach Hause schicken würde, weil sich Hunde in ihrer vertrauten Umgebung manchmal ganz anders benahmen. Aber sie sagte uns auch schon, dass sie im Falle einer erneuten guten Leistung eigentlich keinen Grund dafür sah, Monty die lila Weste von *Canine Partners* zu verweigern.

Ich war aufgedreht wie noch nie, es kam mir vor, als könnte ich ohne Rakete zum Mond fliegen. Monty schien sich bewusst zu sein, dass er da gerade etwas ganz Besonderes geleistet hatte – er »redete« auf dem ganzen Weg nach Hause, gab kleine murmelnde Laute von sich, so wie Penny das früher immer gemacht hatte.

Während der nächsten Tage nahm ich Monty an so viele unterschiedliche Orte wie möglich mit, überall dorthin, wo Hunde erlaubt waren. Ich musste ganz sichergehen, dass er der neuen Rolle gewachsen sein würde, die wir für ihn auserkoren hatten. Persönlich vertraute ich ihm zwar völlig, aber es sollten ja auch die Trainer von *Canine Partners* sehen, wie fantastisch er war.

An einem strahlend schönen Morgen besuchte uns dann die Vertreterin der Organisation und zog Monty wieder die Trainingsweste an, mit der er auch Läden und Cafés betreten durfte. Er sah damit sogar größer aus und schritt mit stolzgeschwellter Brust umher.

Von den bewundernden Blicken der Leute ließ er sich dabei nicht ablenken. Als wir dann in den Supermarkt und mein Lieblingscafé gingen, benahm er sich genauso toll wie bei *Budgens*.

Wieder zu Hause, ließ sich die Trainerin dann noch alles zeigen, was Monty im Alltag für mich tat. Er räumte für sie die Waschmaschine aus, öffnete und schloss Türen, half mir beim Treppensteigen und anderen Dingen. Er zeigte so gerne, was er alles konnte! Deshalb wedelte er dabei auch die ganze Zeit heftig mit dem Schwanz.

Am Ende des Tages erklärte die Frau: »Nina hatte mir ja schon gesagt, dass sich Monty in der Zentrale ganz vorbildlich verhalten hat, und hier hat er ja auch alles perfekt erledigt. Deshalb kriegt er jetzt auch eine von unseren Westen, die hat er sich redlich verdient.«

Begeistert schaute ich dabei zu, wie sie Monty die Trainingsweste auszog und ihm eine richtige *Canine-Partners-*Weste anlegte. Damit sah er einfach umwerfend aus, und ich hätte kaum glücklicher sein können. Das Vertrauen, das die Organisation in Monty gesetzt hat, hat er nie enttäuscht.

Montys Ernennung zum Assistenzhund veränderte mein Leben noch einmal völlig. Jetzt konnte ich ihn überallhin mitnehmen, und das machte mein Dasein so viel einfacher.

Ganz anders als früher war durch Montys Outfit auch die Reaktion der Leute. Die Menge teilte sich vor ihm wie das Rote Meer, alle traten beiseite, um den Hund mit der lila Weste vorbeizulassen. Früher hatte ich mir oft Sorgen gemacht, dass die Leute mir auf die Füße treten oder mich mit ihren Taschen anrempeln könnten, aber das war jetzt kein Problem mehr.

Am Anfang hatte ich eigentlich gedacht, dass ich Monty trotz seiner guten Leistung beim Supermarkttest gar nicht zum Einkaufen mitnehmen würde, weil er sich da ja doch nur langweilen würde. Ein paar Tage nachdem er seine Weste bekommen hatte, fuhr mir jedoch eine Frau mit dem Einkaufswagen in die Fersen. Damit riss sie mir die Haut von den Füßen und sogar einem Teil der Beine, sodass ich wochenlang keine Schuhe tragen konnte. Da wurde mir erst klar, was für ein guter Schutz ein Assistenzhund außerdem sein würde.

»Und deshalb brauche ich Monty!«, sagte ich damals zu Peter.

Wo wir auch hinkamen, die Leute bemerkten uns und machten uns Platz. Und für jemanden mit EB ist diese Bewegungsfreiheit ein absolutes Geschenk. Allerdings hatte man mich bei *Canine Partners* auch gewarnt, weil diese Aufmerksamkeit ein zweischneidiges Schwert war. Monty wurde die reinste Berühmtheit, und alle wollten gern mit ihm reden. Auf der *Canine-Partners*-Weste stand extra, dass man den Hund bei der Arbeit nicht ablenken sollte, aber das respektierten nicht alle. Peter und ich führten diesbezüglich mal ein kleines Experiment durch: Zunächst marschierten wir ohne *Canine-Partners*-Weste mit Monty die Hauptstraße in Barnstaple entlang, und wir wurden nicht ein einziges Mal angesprochen. Als wir dann noch einmal mit der Weste dieselbe Strecke abliefen, blieb unterwegs jeder einzelne Passant stehen. Wir brauchten dreimal so lange.

Das Ganze war ziemlich überwältigend. Ich war damals noch eher schüchtern und introvertiert, musste mich aber darauf einstellen, jedes Mal hundert neue Leute kennenzulernen, wenn ich das Haus verließ. Tatsächlich war ich bald ziemlich gut darin, Montys Fans aus der Ferne zu identifizieren. »Zwei Gänge weiter links«, raunte ich dann Peter ins Ohr. »Der kommt gleich zu uns rüber, du wirst schon sehen.«

Manche waren dabei ganz schön gerissen – sie wussten sich ertappt und verschwanden deshalb aus unserem Blickfeld. Bevor wir uns versahen, tauchten sie dann von der anderen Seite her wieder auf und tätschelten Monty im Vorbeigehen verstohlen den Kopf.

Das Einkaufen wird auch nicht gerade einfacher, wenn jemand deinen Hund ablenkt. Ich wusste natürlich, dass sie es nicht böse meinten, Monty gegenüber war die Sache aber nicht fair – er versuchte sich schließlich auf seine Arbeit zu konzentrieren. Meistens war es ja auch kein Problem, und ich ließ ihn gerne Hallo sagen, wenn die

Leute vorher nett gefragt hatten. Aber wenn Monty gerade beschäftigt war, dann sagte ich das auch und stieß eigentlich immer auf Verständnis.

Und irgendwann musste ich mir sowieso eingestehen, dass ich viel lieber durch meinen Hund Aufmerksamkeit erregte als durch meine Behinderung. Dass mich Unsicherheit plagte, wenn ich allein unterwegs war, lag auch an meinen Händen. Oft bemerkte jemand die lädierte Haut daran, und dann kam immer wieder: »Oh, Sie haben sich verbrannt«, gefolgt von guten Ratschlägen für eine bessere Heilung. Man hielt mir einen halbstündigen Vortrag über Verbrennungen oder Schuppenflechte oder Ekzeme, und mir wurde die ganze Sache immer unangenehmer.

Und wenn sich jemand mit so lauter Stimme darüber ausließ, was mit mir nicht stimmte, kamen oft andere Leute herbei, um zu gucken. Aber seit ich Monty hatte, und später dann Teddy, waren meine Hände einfach nicht mehr von Interesse. Alle wollten nur noch über die Hunde sprechen.

Meine Termine im Krankenhaus waren mit Monty auch völlig anders. Einer unserer ersten Klinikbesuche führte uns ins St. Thomas' Hospital in London. Ich machte mir Sorgen darüber, wie Monty das hinkriegen würde – an so einen hektischen und vollen Ort hatte ich ihn nämlich noch nie mitgenommen. Bei uns zu Hause gingen zwei Trecker und vier Schafe schließlich schon als Rushhour durch. Aber Monty blieb ganz locker, er war einfach dafür geboren, über sich selbst hinauszuwachsen. Wahrscheinlich wusste er einfach, dass er mit mir an seiner Seite sicher sein würde. Und ich ging wie auf Wolken, als ich mit ihm am Fluss entlanglief und dann das Krankenhaus betrat.

Die Ärzte und Schwestern waren von Monty ganz begeistert, und er genoss die Aufmerksamkeit. Ruhig saß er während meiner Termine da, und wenn mich einer der Ärzte untersuchen musste, zog er mir die Schienen von der Hand und half mir beim Ausziehen. Wir übernachteten in der *Simon Patient Lodge* nebenan, die für nicht stationäre Patienten konzipiert war. Die Geschäftsführerin war eine liebenswerte Dame namens Janet, die uns ein extragroßes Zimmer gab und speziell für Monty noch einen Ventilator besorgte, damit er es nicht zu warm hatte. Er war hier der absolute Star, schlief in der Nacht auch ganz ruhig und störte uns nicht ein einziges Mal.

Später kannte er sich nach vielen Besuchen dann im Krankenhaus und auf dem umliegenden Gelände bestens aus. Vom Bahnhof bis zur Klinik nahm er immer denselben Weg.

Und mir wurde irgendwann klar, dass es mir gar nicht mehr so sehr wie früher vor den Arztterminen graute, weil ich jetzt vor allem sichergehen wollte, dass es Monty dabei an nichts fehlte. Durch die Sorge um ihn hatte ich überhaupt keine Zeit mehr, an mich selbst zu denken. Und solange er nur bei mir war, schien er sogar meine Schmerzen erträglicher zu machen. Ich wollte vor ihm auch ungern Theater machen, um ihn nicht zu beunruhigen. Und damit schien ich in meinem Leben eine Tür geöffnet zu haben, die Sonnenschein hereinließ.

Es ist manchmal nicht einfach, wenn man ständig auf die Hilfe anderer Menschen angewiesen ist. Von einem Hund versorgt zu werden, ist jedoch absolut magisch. Und dass dieser Hund in meinem Fall Monty war, empfand ich als wirkliche Ehre.

Monty war inzwischen ein ganz neuer Hund geworden. Nach Pennys Tod hatten wir erst begriffen, wie sehr sich seine Schwester um ihn gekümmert hatte. Als die Dominantere von beiden war sie immer vorangeprescht, Monty hatte sie zuerst fressen lassen und war stets ein Stück hinter ihr gelaufen.

Aber jetzt hatte Monty eine Aufgabe und war nicht mehr nur Pennys Handlanger. Er versorgte mich, musste immer für mich mitdenken – und er wusste ganz genau, was für wichtige Arbeit er da leistete.

Als Ausgleich spielten wir zu Hause auch viel mehr mit ihm. Monty wurde normalerweise morgens um acht und abends um sechs gefüttert, und wir witzelten immer, dass er eine innere Uhr hatte. Wenn wir uns nämlich auch nur zwei Minuten verspäteten, kam er bereits angerannt, um zu reklamieren. Eines Tages tat ich deshalb so, als würde ich aufstehen, da raste er auch schon in die Küche. Nach einer Weile dämmerte es ihm dann. *Moment mal, die ist ja immer noch nicht hier!* Als er zu mir zurückkehrte, machte ich wieder Anstalten, mich zu erheben, da sauste er auch schon davon. Erneut dauerte es einen Moment. *Hey, du kommst ja gar nicht hinterher!* Er zog das Ganze fünf- oder sechsmal durch.

Wenn er mir gegenüber dalag, überkreuzte ich manchmal die Arme, und dann überkreuzte er die Pfoten. Wenn ich den Kopf schüttelte, schüttelte er seinen auch. Dieses Spiel liebte er.

Und je öfter wir draußen zusammen unterwegs waren, desto selbstbewusster wurde mein Hund. Beim Weg in die Innenstadt gingen wir oft dieselbe Strecke, bei der Bank vorbei und dann wieder zurück. Eines Tages wollte ich noch zum Stoffladen, aber da weigerte sich Monty einfach: *Nein, da geht es nicht lang. Wenn wir an der Bank umdrehen, müssen wir auch zurück nach Hause.* Er rührte sich einfach nicht und wollte unbedingt dieselbe Strecke wieder zurückgehen.

Monty hatte auch weiterhin diese unglaubliche Fähigkeit, Menschen zu sich zu rufen, die litten oder denen er einfach etwas Gutes tun konnte. Einmal gingen wir im Krankenhaus einen Flur entlang, da kam aus einem der Räume ein Chirurg. Da er noch seinen OP-Kittel trug, war das vermutlich ein Operationssaal. Der Arzt weinte, es war absolut furchtbar mit anzusehen. Als er Monty bemerkte, fiel er vor ihm auf die Knie und vergrub seine Hände in seinem Fell. Er hockte ein paar Minuten mit meinem Hund in den Armen da, während ihm die Tränen über das Gesicht liefen.

»Das hab ich gebraucht«, seufzte er dann. »Das hab ich jetzt wirklich gebraucht.«

Dann stand er auf und ging davon, und ich war so froh, dass Monty in diesem Moment da gewesen war. Er spendete jenen Trost, die es nötig hatten.

Leider war mein Hals immer noch furchtbar anfällig. Ich hatte schreckliche Muskelkrämpfe, die mir die Kehle zuschnüren konnten. Das bedeutete, dass mir jederzeit die Luft wegbleiben konnte, auch im Schlaf, was ziemlich Furcht einflößend war. Peter und ich kamen zu dem Schluss, dass ich besser nicht unbeaufsichtigt schlief. Deshalb legte sich immer nur einer von uns beiden zwei Stunden am Stück hin, während der andere so lange wach blieb. Es war absolut strapaziös.

Peter war als mein Pfleger rund um die Uhr für mich verantwortlich. Er war sagenhaft und hatte unglaubliche Geduld, deshalb beschwerte er sich auch nie, aber natürlich war auch er manchmal am Ende seiner Kräfte. Es gab Tage, da war er sogar zu müde, um vernünftig zu essen. Eines Nachts wachte ich auf, weil mir die Luft wegblieb, und musste feststellen, dass Peter gegen seinen Willen eingeschlafen war. In dem Moment hatte ich ehrlich gesagt Angst, dass mein letztes Stündlein geschlagen hatte. Monty schien aber zu spüren, dass etwas nicht stimmte, und rannte ums Bett herum. Dann weckte er meinen Mann dadurch auf, dass er ihm das Kissen unter dem Kopf wegzog. Ich war ihm natürlich unendlich dankbar!

Danach war Peter vorsichtiger und achtete besser darauf, gar nicht erst an den Rand der Erschöpfung zu geraten. Dass Monty mich im Moment der Atemnot gerettet hatte, hielten wir damals allerdings für eine einmalige Sache, einen glücklichen Zufall.

Kapitel 12

Ein neuer Hund

Inzwischen schrieben wir das Jahr 2006, und Monty war schon elf. Alle Hunde von *Canine Partners* gingen mit zwölf in Rente, manche hörten sogar schon früher auf zu arbeiten. Das entschieden sie selbst – wenn sie irgendwann keine Lust mehr dazu hatten, ihre üblichen Aufgaben zu erledigen, dann zwang man sie auch nicht dazu. Sie machten nur die Dinge, die sie auch gern taten. Wenn sie jedes Mal zu weniger bereit waren, dann fing man eben damit an, alles für einen neuen Hund vorzubereiten.

Irgendwann musste ich mir eingestehen, dass es bei Monty jetzt so weit war. Er wurde einfach langsamer und sprang nicht mehr hoch, wenn er etwas für mich holen sollte. Ich drängte ihn auch zu nichts und bat notfalls lieber Peter um Hilfe, weil Monty ganz offensichtlich nicht mehr dieselbe Energie hatte wie früher.

Leider verschlechterte sich etwa zur selben Zeit auch mein Gesundheitszustand, ich musste noch öfter ins Krankenhaus und brauchte immer mehr Unterstützung. Inzwischen verließ ich mich im Alltag so sehr auf Monty, dass ich mir überhaupt nicht mehr vorstellen konnte, wieder nur von einem Menschen versorgt zu werden. Ich hatte es einfach wunderbar gefunden, dass Peter für mich vor allem Ehemann und nicht mehr nur Pfleger gewesen war.

Ich hätte mich bei *Canine Partners* um einen neuen Hund bewerben können, da stand ich aber wieder vor demselben Dilemma wie beim letzten Mal: Wie würde Monty wohl damit umgehen, wenn ein neuer Hund seine Aufgaben übernahm und mich unterwegs begleitete?

Peter und ich grübelten und grübelten. Irgendwann rief ich bei *Canine Partners* an und bat um einen Rat. Man legte mir nahe, mich am besten sofort um einen neuen Hund zu bewerben, weil die Suche nach einem passenden Welpen manchmal Jahre dauern konnte.

Ich beschloss, Monty nicht länger um seine Hilfe zu bitten, sie jedoch weiterhin gern anzunehmen, wenn er sie selbst anbot. Er war so ein tapferer Hund. Beim Ausziehen und dem Abstreifen der Schienen ging er mir weiterhin gerne zur Hand. Er konnte auch immer noch die Waschmaschine ausräumen. Generell fand er es toll, leichte Gegenstände aufzuheben und im Maul zu tragen, ich ließ ihn aber nicht mehr an Türen hochspringen oder auf Ampelknöpfe drücken.

Von *Canine Partners* aus lud man mich in die Zentrale der Organisation ein, um mich dort einigen Hunden vorzustellen und zu sehen, wie ich mit ihnen klarkommen würde. Auf der Fahrt dorthin war mir das Herz ganz schwer, genau wie bei unserem ersten Besuch. Aber damals hatte ich wenigstens gewusst, dass wir einfach wieder nach Hause fahren und Monty behalten konnten.

Dieses Mal quälte uns jedoch die Gewissheit, dass er nicht ewig bei uns sein würde. Nach und nach würde ich mich von ihm verabschieden müssen.

Monty hatte gar nicht mitbekommen, dass unser Ausflug einen traurigen Anlass hatte. Er freute sich einfach nur darüber, wieder in der Zentrale zu sein, und da ist es ja auch wirklich wundervoll. Wir Hundepartner kamen uns alle wie eine große Familie vor und nannten den Verein auch »die lila Armee«. Und es war einfach zauberhaft, den jungen Hunden bei ihrer Ausbildung zuzusehen. Für sie gab es jede Menge Trainingsmaterial: spezielle durchsichtige Waschmaschinen, einen nachgebauten Laden, Ampeln, deren Knöpfe man drücken konnte, Betten und vieles mehr. Alle Hunde liebten den Unterricht, und manche konnten es kaum erwarten, bis sie an der Reihe waren – man konnte ihnen geradezu ansehen, dass sie am liebsten mitmachen wollten, wenn sich der Trainer mit einem ihrer Kameraden beschäftigte. Das zeigte doch nur, wie gerne die Hunde ihre Rolle als Helfer einnahmen.

Eine *Canine-Partner*-Trainerin namens Lucy begrüßte uns und erklärte uns die Abläufe des heutigen Tages. Während Monty bei Peter blieb, würde man mir unterschiedliche Hunde zuteilen und beobachten, wie es mit uns lief. Monty wollte aber unbedingt mit und verstand überhaupt nicht, warum ich ihn plötzlich zurückließ. Mir war nach Heulen zumute.

Dann stellte man mir mehrere Hunde vor. Man bat mich, mit ihnen zusammen zu gehen, sie bei Fuß zu halten und ihnen für gutes Benehmen ein Leckerli zu geben, während Lucy uns zusah. Alle Tiere waren freundlich und gut erzogen, sie machten ihre Sache wirklich hervorragend, ich konnte mich aber nicht richtig auf sie einlassen.

Das Problem hier war ich, nicht die Kandidaten. Sie waren noch jung, so um die achtzehn Monate, und ich hatte schon lange nicht mehr mit Hunden in diesem Alter zu tun gehabt. Ihre lebhafte, ungestüme Art machte mir Angst.

Lucy erklärte mir, dass für die Organisation genau darin die große Herausforderung bei der Arbeit mit EB-Kranken lag.

Assistenzhunde mussten begeisterungsfähig und energiegeladen sein, es hätte mir ja nichts gebracht, mir ein unentschlossenes Mauerblümchen zuzulegen und dann zu erwarten, dass es sich draußen mit vollem Einsatz um mich kümmerte.

Ein zu überschwänglicher Hund hätte mir allerdings großen Schaden zufügen können. Wenn ich mit quirligen Vierbeinern zusammen war, dann machte ich mir immer Sorgen um meine Haut, so gut erzogen die Tiere auch sein mochten.

Und deshalb hatte ich jetzt bei *Canine Partners* auch jedes Mal Angst, wenn mir einer der Hunde sein Leckerli aus der Hand nahm. Mir wurde klar, welch großes Glück ich mit meinem sanften Monty gehabt hatte, aber wir hatten unsere enge Beziehung natürlich auch im Laufe von Jahren aufgebaut.

Von diesen Hunden hier konnte ich mir einfach keinen bei uns zu Hause vorstellen. Mir würde das vorkommen, als hätte ich mir da einfach einen fremden Hund mit nach Hause genommen, der mir auf einem Spaziergang begegnet war. Ich sah einfach keine Möglichkeit, wie das für mich funktionieren sollte.

Als wir mittags in die Kantine von *Canine Partners* gingen, fragte ich mich wirklich, was wir tun sollten. Aber dann nahm man uns die Entscheidung ab. Während des Essens kam nämlich Lucy herein und setzte sich zu uns.

»Ich hab gute Nachrichten«, erklärte sie. »Wir haben ein neues Zuhause für Monty gefunden!«

»Was? Aber Monty braucht kein neues Zuhause!«, entgegnete ich. »Der lebt ja bei uns.«

»Aber Sie sind doch auf der Suche nach einem neuen Hund. Haben Sie etwa gedacht, dass Sie zwei Hunde zur gleichen Zeit haben könnten?«

Es stellte sich heraus, dass die Assistenzhunde von *Canine Partners* immer zu anderen Leuten kamen, wenn sie pensioniert wurden. Man ging eben davon aus, dass es mit zwei Hunden zusammen einfach nicht vernünftig laufen würde. Sie wären entweder aufeinander eifersüchtig oder, schlimmer noch, würden faul werden, weil jeder von ihnen annahm, dass sich der andere schon um die anstehenden Aufgaben kümmern würde.

Und ich konnte Lucys Argumente ja auch verstehen. Man hatte nur das Wohlergehen der Hunde im Sinn, wollte unnötige Konflikte vermeiden und sie nicht verwirren.

»Es tut mir leid«, erklärte ich trotzdem, »aber das packe ich einfach nicht. Ich kann Monty nicht aufgeben, er gehört doch zu mir.«

»Tja, ich fürchte, dann können wir Ihnen keinen anderen Hund zuteilen«, erwiderte sie.

Für Monty hätte ich mein Leben gegeben, ich hatte am Anfang auf ihn gesetzt, als er noch als unerziehbar gegolten hatte, und würde mich auch jetzt nicht von ihm trennen. Wenn ich die übliche Vorgehensweise der Organisation gekannt hätte, wäre ich gar nicht erst hergekommen.

Deshalb erklärte ich den Leuten von *Canine Partners* jetzt, dass ich mich wieder bei ihnen melden würde, wenn Monty etwas zustoßen sollte, und dann machten wir uns auf den Heimweg.

Seit Monty älter wurde und nicht mehr so beweglich war, half uns immer mehr unsere Freundin Margaret. Ich hatte sie ein paar Jahre zuvor an der Bushaltestelle kennengelernt, als ich mit Monty spazieren gegangen war. Sie war ganz begeistert von ihm gewesen, hatte ihn angesprochen und gestreichelt. Weil sich herausstellte, dass sie in der Nachbarschaft wohnte, schlug ich vor, mal auf einen Kaffee vorbeizukommen. Wir freundeten uns an, und es war von Anfang an klar, wie sehr sie von Monty begeistert war.

Als ich einmal an einem besonders heißen Tag zu einem Termin ins Krankenhaus musste, befürchtete ich, dass es Monty bei diesem Wetter vielleicht zu viel werden könnte. Ich wollte ihn nur ungern diesem Stress aussetzen, ihn aber auch nicht allein zu Hause lassen. Da bot Margaret freundlicherweise an, an diesem Tag auf ihn aufzupassen. Ich brachte ihn morgens bei ihr vorbei, bevor wir losmussten. Vorsichtshalber nahm ich Spielzeug von ihm mit und gab ihr auch ein paar Würstchen, mit denen sie ihn füttern konnte, falls er unruhig werden sollte.

Ich hatte den ganzen Tag schlechte Laune, hörte den Ärzten kaum zu und gab mich völlig meinem Hass auf Krankenhäuser hin. Innerlich tat mir alles weh, und ich wollte nur schnell zurück nach Hause, zu Monty. Als ich bei Margaret ankam, stürmte unser Hund heraus, um mich zu begrüßen. Er »redete« mit mir und wedelte so heftig mit dem Schwanz, dass er mich damit beinahe umhaute. Doch dann drehte er irgendwann um und marschierte wieder ins Haus.

Peter und ich mussten lachen. Offenbar hatte Monty Margaret genauso lieb wie mich, und das war für uns wirklich eine Erleichterung. Von jetzt an machten wir das oft so: Wenn wir das Gefühl hatten, dass irgendetwas zu viel für Monty werden könnte, blieb er bei Margaret. So konnten wir sogar ohne ihn in den Urlaub fahren. Jetzt kümmerten sich eben zwei liebevolle Mums um ihn – wir hatten ja so ein Glück, dass wir Margaret gefunden hatten. Wenn ich mit meinem Elektromobil bei ihr zu Hause vorbeikam, setzte sich Monty immer hin und wartete darauf, dass sie zur Tür herausschaute und uns grüßte oder uns auf unserem Spaziergang begleitete. Wenn überhaupt jemand Monty so sehr lieben konnte wie ich, dann war es wohl Margaret.

Monty half mir immer weniger, dafür schlief er jetzt mehr und mehr. Mir war klar, dass er nur zu gerne bei Margaret wohnen würde – er vergötterte sie inzwischen geradezu –, aber ich konnte es immer noch nicht ertragen, mich von ihm zu trennen. Ich konnte mir einfach nicht vorstellen, dass er mir morgens nicht mehr die Hausschuhe bringen und mich dazu drängen würde, endlich aufzustehen. Und deshalb wusste ich einfach nicht, was ich tun sollte.

Nach unserem Besuch in der Zentrale von *Canine Partners* setzte ich mich daher hin und schrieb der Organisation einen langen Brief. Darin erklärte ich, dass ich mich einfach nicht von Monty trennen konnte, aber auch dringend einen neuen Hund brauchte. Ich erwähnte, dass mir durchaus bewusst war, welche Schwierigkeiten mein Festhalten an Monty noch zusätzlich zu meiner empfindlichen Haut mit sich brachte.

Ich hatte wirklich keine Ahnung, ob sie nicht vielleicht trotzdem etwas für mich tun konnten, aber ich wollte gerne alles noch einmal in schriftlicher Form darlegen, falls vielleicht irgendwem eine Idee kommen sollte. Aber da wir in den nächsten Wochen nichts vom Verein hörten, vergaßen wir die ganze Sache irgendwann. Ich akzeptierte einfach, dass ich keinen neuen Hund bekommen würde, solange Monty noch bei uns war.

Es war wieder einmal ein besonders heißer Tag, und während Peter draußen die Hecke schnitt, blieben Monty und ich lieber bei weit offenen Fenstern im kühlen Haus.

Da klingelte das Telefon, und es war ein Mann namens Andy Cook, der sich mir als der neue Geschäftsführer von *Canine Partners* vorstellte.

»Ich hab Ihren Brief gelesen«, erklärte er, »und ich sehe schon, dass wir da wohl ein Problem haben.« *Oh nein, jetzt kommt es!*, dachte ich. Mit einem Mal bekam ich es mit der Angst zu tun. *Ein Anruf vom Geschäftsführer? Was, wenn die uns für zu aufmüpfig halten und Monty seine Weste wegnehmen, weil wir nur Probleme machen?*

Aber Andy war unglaublich nett und verständnisvoll. »Sie haben Ihren Hund also noch und wollen sich nicht von ihm trennen?«, fragte er. Dann sprachen wir darüber, dass Monty mir im Alltag immer weniger half, und überlegten schließlich, wie wir einen neuen Hund für mich finden könnten.

»Ich glaube, wenn wir Ihnen ein neues Tier vermitteln, dann wird es für Ihre Haut einfach immer zu wild und ungestüm sein«, gab Andy zu bedenken. »Und die Treuhänder sehen auch keine Möglichkeit, Ihnen einen zweiten Hund zuzuteilen, ohne dabei Monty vor den Kopf zu stoßen. Ich glaube, das wäre für beide Tiere nicht fair.«

Ich musste ihm leider bei allem, was er da sagte, zustimmen. Die Situation war einfach hoffnungslos.

»Ich sehe nur einen einzigen Ausweg«, fuhr Andy jedoch fort. »Wir suchen für Sie einen Welpen aus, den Sie mit unserer Hilfe selbst ausbilden.«

Ich traute meinen Ohren kaum. Einen neuen Welpen! Wow! Andy sagte später zu mir, dass er vom anderen

Ende der Leitung aus gehört hatte, wie mir die Kinnlade heruntergeklappt war.

»Wenn Sie den Hund von Anfang an bei sich haben, können Sie ihn so trainieren, dass er bei Ihnen ganz vorsichtig ist. Sie suchen sich einen Wurf Welpen, und wir testen ihn, um sicherzugehen, dass er auch geeignet ist. Dann kann der Hund bei Ihnen leben, während Sie einmal die Woche zum Unterricht gehen und lernen, ihn selbst auszubilden. Und wenn der neue Hund schon als Welpe zu Ihnen kommt, ist auch die Wahrscheinlichkeit größer, dass Monty ihn akzeptiert. Aber falls es aus irgendeinem Grund nicht funktionieren sollte, übernehmen wir den Welpen, und Sie suchen weiter, bis Sie den richtigen für sich finden.«

Das alles klang einfach zu perfekt, ich konnte kaum glauben, wie gut man sich hier um mich kümmerte. Die ganze Zeit hatte ich gedacht, dass ich nie wieder einen neuen Assistenzhund bekommen würde, aber jetzt hatte Andy eine Lösung für mich gefunden.

»Das ist für uns auch Neuland«, erklärte der Geschäftsführer. »Wenn das klappt, dann sind Sie bei uns die Erste, die zwei Hunde gleichzeitig hat, und die Erste, die ihren Assistenzhund selbst trainiert – wenn auch natürlich unter unserer Aufsicht.«

Wir redeten noch eine Weile weiter, aber ich konnte mich kaum noch auf die Unterhaltung mit ihm konzentrieren.

Hier wurde gerade ein Traum für mich wahr. Bald würde ich einen Welpen bekommen und durfte mir den

Wurf auch noch selbst aussuchen! Ich war so aufgeregt und konnte es kaum erwarten, Peter davon zu erzählen! Sobald ich aufgelegt hatte, eilte ich überglücklich zu meinem Mann hinaus.

Diesen Weg würden wir also alle gemeinsam einschlagen, nachdem uns nun endlich jemand eine Richtung vorgegeben hatte. Jetzt mussten wir nur noch den perfekten Welpen finden.

Kapitel 13

Die Suche

Ich wusste sofort, dass ich gerne wieder einen Golden Retriever wollte, das musste einfach sein! *Canine Partners* arbeitete mit verschiedenen Hunderassen, obwohl die meisten zu den Apportierhunden gehörten – da gab es Labradore, Flat Coated Retriever, Deutsche Schäferhunde und Kreuzungen dieser Rassen. Auch Pudelmischlinge wie Labradoodle und Goldendoodle. Aber seit dem Augenblick, als damals Tante Gwens Hunde ins Wohnzimmer meiner Großmutter gestürmt waren, galt eben meine ganze Leidenschaft Golden Retrievern, und ich konnte mir einfach nicht vorstellen, mit irgendeinem anderen Hund zu arbeiten.

Golden Retriever waren ursprünglich Jagdhunde gewesen, die dafür gezüchtet worden waren, geschossenes Wild zu apportieren. Lord Tweedmouth entwickelte die Rasse Mitte des neunzehnten Jahrhunderts aus einer Kreuzung von gelben Retrievern mit Tweed Water Spaniels. Dass Golden Retriever einst als Jagdhunde genutzt worden waren, machte sie zu idealen Assistenzhunden. Sie hielten nämlich gerne Sachen im Maul und waren dabei ganz vorsichtig: Selbst ein rohes Ei konnten sie mit sich herumtragen, ohne es zu zerbrechen. Das hatte ich einmal mit Heidi ausprobiert. Ich war damals in der Küche, und sie machte nichts als Unfug, da legte ich ihr ein Ei ins Maul. Sie war zwar erstaunt, zerbrach es aber nicht, sondern wanderte damit im Maul herum, als wäre es ein Schnuller.

Und Monty war so sanft und vorsichtig, dass es für ihn einfacher war als für Peter, mich auszuziehen, ohne mir dabei wehzutun. Golden Retriever waren außerdem freundlich, einfach zu trainieren und wollten immer gefallen.

Aber nicht alle Golden Retriever eignen sich als Assistenzhund. Um diese Aufgabe zu erfüllen, braucht man ganz spezielle Tiere. Sie müssen dynamisch sein, jedoch auch schnell zur Ruhe kommen können. Man könnte zwar vielen Hunden beibringen, Menschen zu helfen, aber nicht alle von ihnen könnten sich im richtigen Moment entspannen. Von vielen Hunden würde man zu viel verlangen, wenn man von ihnen erwartete, dass sie in einem Augenblick quicklebendig und aufgeweckt, im nächsten besonnen und ruhig waren. Deshalb musste man von Anfang an die richtige Wahl treffen und durfte keine Fehler machen.

Die Hunde für *Canine Partners* mussten nicht unbedingt reinrassig sein und von einem Züchter stammen. Die Organisation hatte durchaus mal hier und da einen Hund aus dem Tierheim trainiert, und Monty war ja auch der perfekte Assistenzhund. Aber die genetische Grundlage spielte schon eine wichtige Rolle. Man würde an diesen Hund so große Ansprüche stellen, da war es durchaus wichtig, so viel wie möglich über seinen familiären Hintergrund zu erfahren. Und das war eben einfacher, wenn man einen Züchter hatte, der einen Stammbaum des Tieres vorzeigen konnte.

Als Robert klein war, hatte ihn mal einer unserer Hunde aus dem Tierheim, ein Rhodesian Ridgeback, quer durch den Garten gejagt. Es stellte sich heraus, dass er vorher als Wachhund eingesetzt worden war, allerdings hatte uns das niemand gesagt. Die Sache hatte mich ganz schön mitgenommen, und wir hatten für den Hund ein neues Zuhause suchen müssen. Danach hatte ich wieder einen Hund gewollt, wollte dieses Mal aber besonders gut auf seine Herkunft achten. Deshalb hatte ich Tante Gwen um Rat gefragt.

»Du musst Robert so schnell wie möglich einen neuen Hund besorgen«, drängte sie. »Sonst wird er sein Leben lang furchtbare Angst vor Hunden haben. Aber du musst gut darauf achten, dass es ein ganz liebes Tier ist. Besorg ihm doch einen Welpen von Boss.«

Damit meinte sie Fourwinds Bossanova of Lorinford, einen Golden-Retriever-Zuchtrüden, dessen Nachkommen heute immer noch zur Zucht benutzt werden.

Alle Hunde von Tante Gwen stammten von Bossanova ab, unter ihnen auch Topper, den sie mir zur Hochzeit geschenkt hatte. Wir hatten uns damals Heidi zugelegt, die wie alle Abkömmlinge von Boss besonders brav und sanft war.

Aber das war inzwischen über zehn Jahre her, und Zuchtstammbäume zeigten immer nur die letzten fünf

Generationen eines Tieres. Inzwischen würde es schwierig werden, Bossanovas Nachfahren ausfindig zu machen.

Deshalb mussten wir mit der Suche nach dem perfekten Welpen woanders ansetzen, führten endlose Telefonate und besuchten etliche Hundeshows. Wir sprachen dort mit den Ausstellern über unsere Suche und erkundigten uns danach, wen sie für die Zucht eines angemessenen Tieres empfehlen konnten.

Wenn wir dann mit Züchtern redeten, erklärten wir ihnen, was von dem Hund alles erwartet werden würde. Man war ehrlich mit uns und stellte klar, ob ein Hund aus ihrer Zuchtlinie für uns geeignet sein könnte oder nicht.

Wir wussten, dass es Jahre dauern konnte, bis wir den richtigen Wurf fanden, und dass wir dazu Züchter im ganzen Land kontaktieren mussten. Vielleicht würden wir Hunderte von Kilometern reisen müssen, um unseren Welpen abzuholen. Womöglich war sein Wurf zu diesem Zeitpunkt noch nicht einmal geplant. Und wenn wir dann angemessene Welpen fanden, mussten sie ja noch von *Canine Partners* getestet werden. Der von ihnen ausgesuchte junge Hund würde eine zweijährige Ausbildung durchlaufen müssen, bevor er ein voll qualifizierter Assistenzhund werden würde. Außerdem hatte Andy uns vorgewarnt – nicht alle Kandidaten, die mit dem Training anfingen, bekamen am Ende auch ihre Weste. Manche eigneten sich für diese Aufgabe dann doch nicht. Und der Hund, nach dem wir suchten, musste ja darüber hinaus noch mit Monty und mit meiner empfindlichen Haut klarkommen. Vor uns lag also ein langer Weg.

Während wir mit mehr und mehr Leuten über unsere Suche sprachen, fiel immer wieder ein Name: Colin Martin. Colin züchtete zusammen mit seiner Frau Sheila in Exmoor Golden Retriever, und sie boten unter dem Zwingernamen *Shannonstyle* Welpen ihrer Hündin Crystal Maze (Tia) mit einem Rüden namens Rosaceae Indian Prince of Bridgefarm (Josh) an, der Maurice und Judy Shortman gehörte.

Von allen hörten wir, dass diese beiden Hunde die allerschönsten und sanftmütigsten Welpen hatten. Josh war ein toller Bursche, und Tia eine ruhige Hündin mit großer Persönlichkeit. Das klang ja wirklich sehr vielversprechend.

Einmal begegnete ich unterwegs einem Paar, das einen wunderbaren Golden Retriever mit jeder Menge schönem goldenem Fell spazieren führte. Er hatte einen prächtigen Schwanz, und seinem stolzen Gang merkte man an, dass er sich seines beeindruckenden Äußeren durchaus bewusst war. Uns begrüßte er wie alte Freunde, wobei er zwar energiegeladen, aber auch sehr vorsichtig war. Wir erkundigten uns bei den Leuten, woher sie den Hund hatten.

»Oh, der stammt aus dem *Shannonstyle*-Zwinger«, lautete die Antwort.

Je mehr ich über Colin Martin hörte, desto perfekter erschienen mir seine Hunde.

Eines Morgens kam eine Frau mit einem großartigen Golden Retriever draußen an unserem Tor vorbei, und der Hund eilte begeistert zu uns herüber, um mit Monty zu spielen. Wir baten die Spaziergängerin herein, die sich als Jo und ihren Hund als Barney vorstellte. Ich unterhielt mich mit Jo, während die beiden Hunde fröhlich herumtollten und dann irgendwann gemeinsam zur Ruhe kamen. Dabei konnte ich den Blick kaum von Barney lösen, weil er so schön war.

Monty schien sich über ein bisschen Gesellschaft wirklich zu freuen, und am Ende lagen die beiden Seite an Seite im Schatten, wobei sich ihre Köpfe berührten. Von Zeit zu Zeit wedelte einer von ihnen mit dem Schwanz. Ich stellte mir vor, wie sie Anekdoten über ihr Leben austauschten, vermutlich über etwas zu fressen, so wie ich Golden Retriever kenne!

Als Peter uns dann Kaffee und Kuchen heraus in den Garten brachte, nahmen die Hunde ihn am Tor in Empfang und begleiteten ihn dann als eine Art Ehrengarde bis zum Tisch. Keiner von meinen Golden Retrievern hat je Essen gestohlen, und auch die beiden benahmen sich geradezu vorbildlich. Als sie sich ganz ruhig wieder hinlegten, fragte ich Jo, wie sie Barney gefunden hatte.

»Das ist ein *Shannonstyle*-Hund«, erklärte sie, »von Colin und Sheila Martin.« Peter und ich konnten überhaupt nicht mehr aufhören zu lachen.

Jo wusste gar nicht, was los war, bis wir ihr von unserer Suche nach einem Welpen erzählten.

»Wenn dieser Welpe auch nur annähernd so toll ist wie Barney, können Sie da eigentlich nicht viel falsch machen«, sagte sie. »Und, ehrlich gesagt, glaube ich sogar, dass bei den Martins bald ein Wurf ansteht.«

Mehr Ermunterung brauchte ich nicht, um Colin Martin auf der Stelle anzurufen. Ja, tatsächlich würde Tia in ein paar Wochen werfen. Als ich ihm von meiner Suche nach einem möglichen Assistenzhund erzählte, stellte Colin jede Menge Fragen. Was würde von diesem Hund denn erwartet? Wie würde die Ausbildung aussehen? Was würde mit dem Tier passieren, wenn es in Rente ging? Seine große Liebe zu Hunden war unverkennbar – die Zukunft seines Welpen lag ihm wirklich am Herzen. Ich war begeistert, weil ich nämlich davon überzeugt war, dass das ganze Verhalten eines Welpen in seinem späteren Leben von der Behandlung in den ersten Wochen abhing. Natürlich hätten wir mit Monty nicht glücklicher sein können, trotzdem wünschte ich mir einen Welpen aus einem liebevollen Zuhause.

Wir redeten eine Ewigkeit, und ich erzählte Colin, dass Jo mit Barney hier war und was für ein fantastischer Hund aus ihm geworden war. Colin war ein Bekannter von Jos verstorbenem Mann gewesen und hatte Barney nach dessen Tod für Jo ausgesucht. Und dieser Hund war so zauberhaft, dass ich ihn am liebsten behalten hätte.

Am Telefon zählte ich all die Dinge auf, die Monty so für mich machte. Natürlich betonte ich, dass Monty mir einfach gerne half und außerdem immer auch Zeit hatte, zu spielen und ein ganz normaler Hund zu sein. Ich fügte noch hinzu, dass wir gar nicht weit weg von Jo in Strandnähe wohnten. Der Welpe würde also in Barneys Nachbarschaft aufwachsen.

Als Jo sich später zum Gehen anschickte und ihre

Sachen zusammensuchte, sagte sie: »Ach, wo hab ich denn nur Barneys Leine hingelegt?« Wie aufs Stichwort hob Monty sie auf und brachte sie ihr. Wir lachten alle herzlich.

Nachdem Jo gegangen war, saßen Peter und ich zusammen und sprachen darüber, wie sehr Barney Monty ähnelte. Da wurde mir plötzlich klar, dass ich mich gar nicht nach seiner Abstammung erkundigt hatte. Aber eigentlich war die ja auch egal, für mich zählte vor allem, dass mein Welpe sanft und freundlich sein würde.

Ich war richtig aufgekratzt, versuchte aber, mich zusammenzureißen. Schließlich waren diese Welpen noch nicht einmal geboren, und nach dem ersten Kennenlernen mussten sie ja auch noch von *Canine Partners* getestet werden. Auf dem Weg zum perfekten Welpen konnte noch viel passieren.

Während der nächsten Wochen benahmen wir uns wie werdende Eltern. Bei jedem Klingeln rannten wir in der Hoffnung zum Telefon, die Welpen seien endlich da. Wir versuchten uns auf jede nur erdenkliche Art die Zeit zu vertreiben, um das Warten erträglicher zu machen.

Das Verrückteste an der ganzen Sache war wohl, dass Colin und Sheila ganz in der Nähe, hoch oben in Exmoor, lebten. Wir hatten Exmoor immer schon geliebt – das ist ein wundervoller Landstrich. Nachdem wir eigentlich damit gerechnet hatten, dass wir für unseren Hund das ganze Land durchqueren müssten, fanden wir ihn nur ein paar Kilometer entfernt.

Es war deutlich zu sehen, dass Monty immer langsamer wurde, aber er bestand weiterhin darauf, mir zu helfen. Wollte Peter mir zur Hand gehen, wurde er aus dem Weg geschoben. Ich musste lachen, wenn sie darum kämpften, die Waschmaschine ausräumen zu dürfen.

Während der letzten sechs Monate war es mit meinem Hals immer schlimmer geworden, und wir waren mehrmals zu Krankenhausterminen nach London gefahren. Die Ärzte hätten meine Kehle gern noch einmal geweitet, dem wollte ich mich aber kein zweites Mal stellen. Die Operation damals nach dem Curryunfall war einfach zu grauenhaft gewesen. Zwar versicherte man mir immer wieder, dass die Medizin inzwischen viel weiter war, mich überzeugte das aber nicht.

Außerdem verbrachte ich immer noch acht Stunden am Tag mit den Schienen an den Händen. Das tat ich jetzt seit achtzehn Monaten, und ich fand es furchtbar schwierig, alles mit nur einer Hand zu erledigen. Und es hieß zum Beispiel auch, dass ich nicht mehr Rad fahren konnte. Für geradere Hände zahlte ich einen hohen Preis.

Monty fand es immer noch toll, mir mit den Schienen zu helfen. Er brachte sie mir sogar, um mich daran zu erinnern, dass ich sie anlegen musste. Wenn ich sie zu verstecken versuchte, hatte er sie schnell gefunden.

Auch den Klettverschluss an meinen Schuhen machte Monty auf. Das gefiel ihm so gut, dass er sie mir auszuziehen versuchte, egal wo wir waren. Er war so ein fröhlicher Hund.

Deshalb hatte ich überhaupt keine Bedenken bezüglich

seines Umgangs mit dem neuen Welpen. Er hatte so viele Freunde – Golden Retriever ziehen eben sowohl Menschen als auch andere Hunde magisch an. Und obwohl er langsam zu den Senioren gehörte, spielte Monty immer noch gern mit Artgenossen jeglichen Alters.

Einer seiner besten Kumpel war ein kleiner Jack Russell namens Bill, mit dem er gerne am Strand Fangen spielte. Als wir ihm zum ersten Mal begegnet waren, war Bill noch ein winzig kleiner Welpe gewesen, und Monty war damals ganz gelassen geblieben, wenn Bill an ihm hochgesprungen war oder versucht hatte, seinen Schwanz zu jagen. Er zeigte sich nie ungehalten. War der Kleine zu aufgedreht, wandte Monty ihm einfach den Rücken zu, bis Bill wieder ruhiger wurde. Wenn sie sich dann ausgepowert hatten, ließen sie sich zufrieden zu Füßen von uns Menschen nieder, während wir miteinander plauderten.

Peter und ich nahmen immer eine Thermoskanne Kaffee mit zum Strand, und Monty kannte die Routine genau: Erst wurde gespielt, und dann machte er Pause, während wir eine Tasse Kaffee tranken. Und die konnten wir auch gut gebrauchen, es kamen nämlich ständig Hundebesitzer zu uns herüber und sprachen uns an, sodass aus einer Stunde am Wasser schnell zwei oder mehr wurden. Ich fand es einfach himmlisch, dort von Hunden umringt auf meinem Elektromobil zu sitzen.

Als wir gerade mit Monty Gassi gehen wollten, klingelte eines Morgens das Telefon. Ich wäre beinahe nicht rangegangen, weil wir uns schon die Jacke angezogen hatten und auf dem Weg nach draußen waren. Aber dann fiel es mir wieder ein: die Welpen! Ich rannte zum Telefon.

Und tatsächlich war es Colin, der mir erzählte, das gerade zehn Welpen zur Welt gekommen waren. Wow! Darunter befanden sich drei Weibchen und sieben Rüden – zehn kleine wackelnde Schwänzchen. Colin erklärte uns, dass die Hündinnen bereits vergeben waren, sich die Leute von *Canine Partners* aber als Erste den passenden Kandidaten unter den Rüden aussuchen konnten. Mir war das recht, ich wollte sowieso einen Jungen, obwohl die Organisation Hunde beider Geschlechter ausbildete. Colin erzählte uns alles über die Geburt, wie viel Zeit zwischen den einzelnen Welpen verstrichen war und welche Farbe sie hatten. Wir vereinbarten, dass wir die Kleinen besuchen durften, wenn sie vier Wochen alt waren.

So langsam ist in der Geschichte der Menschheit wohl noch nie ein Monat verstrichen. Wir nutzten die Wartezeit, um uns auf den Neuankömmling vorzubereiten, und bekamen von *Canine Partners* eine Mappe zum Thema Welpen.

Die überreichte man allen Welpeneltern, zusammen mit Gwen Baileys *Welpenschule*. Gwen Bailey ist eine Expertin zum Thema Tierverhalten und hat ein beliebtes Handbuch zur Welpenerziehung geschrieben. Ich stürzte mich geradezu darauf, und weil ich Monty nicht vernachlässigen wollte, las ich es ihm vor. Er hörte aufmerksam zu, und als wir dann später die Arbeit mit dem Welpen begannen, war er mir tatsächlich eine große Hilfe. Das Buch war grandios, und ich konnte es kaum erwarten, mit dem Training loszulegen.

In der Zwischenzeit spannte Peter zum Beispiel ein Netz vor das Gartentor, damit der Kleine nicht zwischen den Latten hindurchschlüpfen konnte. Wir bauten im Durchgang zur Küche ein Schutzgitter ein, um für den Welpen einen sicheren abgeschlossenen Raum zu haben. Daran musste Monty sich erst einmal gewöhnen, immerhin hatte er sich bis jetzt frei in unserem Bungalow bewegt. Wir nahmen jedoch an, dass er später ganz froh sein würde, wenn der Welpe ein eigenes Zimmer für sich hatte, falls es ihm zu viel werden würde. Noch wussten wir schließlich nicht, wie sich die beiden vertragen würden.

Bei diesen ganzen Vorbereitungen kam mir irgendwann die Frage in den Sinn, wie Monty und Penny wohl als Welpen gewesen waren. Inzwischen stand mir mein Hund so nahe, dass es mir komisch vorkam, überhaupt nichts über seine ersten Lebensjahre zu wissen.

Von *Canine Partners* aus hatte man mir ein Körbchen geschickt, in das sich der neue Hund zurückziehen konnte. Wir legten ein weiches Kissen hinein und stellten den Korb in der Küche auf, ließen aber die Tür hinter uns offen – prompt kletterte Monty hinein! Er sah darin so zufrieden aus, dass wir es nicht über uns brachten, ihn da herauszuschmeißen. Dann gingen wir einkaufen und kamen mit Spielzeug, Näpfen und Leckerlis zurück. Das war alles so aufregend!

Für alle Assistenzhunde von *Canine Partners* war im Garten eine Toilettenecke vorgeschrieben, deshalb hatte Peter für Monty eine zehn Quadratmeter große Grube ausgehoben und mit Rindenmulch gefüllt. Die erweiterte er jetzt für den neuen Welpen. *Canine-Partners*-Hunde mussten lernen, ihr Geschäft immer an derselben Stelle zu verrichten. Das war wichtig, weil bewegungseinge-schränkte Besitzer sich nicht auf die Suche nach den Häufchen machen konnten, um sie einzusammeln.

Ich ging in jener Zeit immer noch zum Gebärdenspra-chenunterricht. Für mich war es eine besondere Motiva-tion, diese Sprache zu lernen, weil ich oft gehörlose Men-schen mit Assistenzhund traf und mich gerne mit ihnen verständigen wollte. Inzwischen durfte ich Monty in den Kurs mitnehmen, und er fand es toll, wie viel Aufmerk-samkeit er in den Pausen bekam. Aber natürlich wurde im Unterricht nicht gesprochen, und ich fragte mich langsam, wie es wohl bald mit unserem Welpen aussehen würde. Die anderen Kursteilnehmer freuten sich allerdings schon darauf.

Wir riefen Colin und Sheila regelmäßig an, um uns nach dem Wurf zu erkundigen. Es gab jedes Mal nur gute Nachrichten. Die Welpen wuchsen heran, wurden immer aktiver, und ich konnte sie sogar im Hintergrund hören, wenn ich mit den Züchtern telefonierte. Um sie endlich kennenzulernen, machten wir einen Termin für kurz vor Weihnachten aus. Ich konnte es kaum fassen: Bald würde ich dem Hund begegnen, der sich vierundzwanzig Stun-den am Tag um mich kümmern würde, der mein Lebens-retter und bester Freund werden sollte.

Kapitel 14

Teddys großer Auftritt

An einem nassen und windigen Tag machten wir uns dann endlich auf den Weg, um den Wurf zu sehen. Monty ließen wir bei Margaret – er durfte die Welpen erst kennenlernen, wenn sie etwas älter waren. Colin und Sheila lebten in Exmoor in einem wunderschönen Landhaus mit Blick aufs Meer. Sie erzählten uns, dass man von dort aus an klaren Tagen bis nach Wales gucken konnte. Als wir ankamen, konnten wir im Nebel allerdings kaum das Gebäude erkennen.

Ich war so aufgeregt, weil ich Welpen einfach liebe! Keine Ahnung, warum eigentlich – das liegt vielleicht an ihrem weichen Fell oder ihrem wundervollen Duft! Und ich konnte kaum fassen, dass sich einer von den zehn kleinen Hunden bald um mich kümmern, für mein Leben verantwortlich sein würde.

Colin und Sheila waren wahnsinnig nett und bereiteten uns einen warmen Empfang, was ich für ein gutes Zeichen hielt. Auch dass die Welpen in der Küche untergebracht waren, fand ich positiv. Manche Menschen züchteten in der Garage oder in einem Außengebäude, diese kleinen Hunde lebten jedoch im warmen Herzen des Hauses und hörten den ganzen Tag die beruhigenden Geräusche des Familienlebens. Man hatte den Esstisch zur Seite geschoben, um für das riesige Hundebett Platz zu machen.

Und da waren sie dann, zehn fröhliche kleine Bündel, die fiepten und spielten. »Oh, die sind ja wunderschön!«, rief ich, und im selben Augenblick sprang ein kleiner heller Welpe im Körbchen auf, um zu mir zu rennen. Mit seinem schneeweißen Fell, den riesigen tiefschwarzen Augen und der schwarzen Nase sah er aus wie ein Robbenjunges. Weil er an meiner Jacke kratzte und hochgenommen werden wollte, schnappte ich ihn mir und legte ihn mir an die Schulter. Dort vergrub er sich in meinen Haaren, ließ das Näschen an meinem Hals ruhen und schlief ein. Während ich die anderen Welpen begrüßte und streichelte, döste der kleine weiße Hund die ganze Zeit an meiner Schulter.

Im Laufe der nächsten zwei Wochen besuchten wir den Wurf noch mehrmals, und dabei passierte immer das Gleiche. Sobald der kleine weiße Welpe meine Stimme hörte, wedelte er mit dem Schwanz und kam angelaufen. Dann hob ich ihn hoch, er kuschelte sich in meine Haare und schlief ein. Irgendwann fingen wir an, ihn Teddybär zu nennen.

Eigentlich war es ja keine gute Idee, dass ich jetzt bereits eine Beziehung zu einem der Hunde aufbaute, da im schlimmsten Fall vielleicht keiner von ihnen den knallharten Eignungstest bestand.

Man würde für die Ausbildung nur die besten zwei

Hunde nehmen, und wenn unser kleiner weißer Teddy nicht dazugehörte, würde ich mich eben von ihm verabschieden müssen.

Aber inzwischen hatte ich nun einmal eine emotionale Verbindung zu ihm aufgebaut, die nur schwer zu beschreiben war, und wollte ihn unheimlich gern behalten.

Deshalb überlegte ich sogar, ihn notfalls vielleicht einfach als Haustier zu uns zu nehmen, aber schließlich wurde die Hilfe eines Assistenzhundes für mich immer wichtiger. Wenn ich diesen Welpen kaufte, würde ich ohne Assistenzhund klarkommen müssen, weil ich mich kaum um zwei kleine Hunde gleichzeitig kümmern konnte. Vorsichtshalber erzählte ich den Leuten von *Canine Partners* auch nichts von unserem guten Draht zueinander – wie alle anderen würde er den Test ohne Sonderbehandlung bestehen müssen. So langsam graute mir vor dem Tag, an dem die Kleinen eingestuft werden würden.

Als es dann so weit war, fuhren wir nach Exmoor, wo die Tests stattfanden. Sarah Simpson, eine der Trainerinnen von *Canine Partners*, führte einige davon sogar vor unseren Augen durch. Sie ließ zum Beispiel einen Schlüsselbund hinter den Welpen fallen, um ihre Schreckhaftigkeit zu testen, und schrieb nach jeder kleinen Aufgabe die Ergebnisse in ein Büchlein. Ich wollte so gern wissen, wie es für Teddy lief, konnte aber nicht sehen, was sie da notierte. Dann nahm Sarah für die restlichen Tests die Welpen in kleineren Gruppen mit in einen anderen Raum. Irgendwann kehrte sie zurück und begann ohne einen einzigen Blick in Richtung der Hunde, die Punkte zusammenzurechnen. Mir rutschte das Herz in die Hose.

»Okay«, sagte Sarah schließlich, »alle Welpen haben den Test bestanden.«

Das war schon einmal eine Überraschung – bei dem strengen Auswahlverfahren von *Canine Partners* bestand nur selten ein ganzer Wurf.

»Aber zwei Tiere haben sich besonders gut geschlagen«, fuhr sie fort. »Die höchste Punktzahl ist fünfundvierzig – dieser hier hat siebenunddreißig Punkte bekommen und dieser hier sogar die vollen fünfundvierzig.« Sie hob zwei Welpen hoch – einen dunkleren und einen weißen. Ich konnte die Spannung nicht ertragen und kniff lieber die Augen zu.

»Das sind die beiden Besten«, erklärte sie. »Und wenn ich Sie wäre, würde ich mir den hier aussuchen, der hat die volle Punktzahl erreicht.« Und mit diesen Worten reichte sie mir Teddy.

Hinter ihr hüpften Colin und Sheila aufgeregt auf und ab – sie wussten ja genau, wie wichtig mir Teddy längst war. Ich drückte ihn an mich, und er schlief in meinen Haaren ein.

Bis heute habe ich keine Ahnung, wie er das hingekriegt hat – dass ein Welpe ganze fünfundvierzig Punkte erreicht, ist wirklich außergewöhnlich. Wahrscheinlich war das mit uns einfach Schicksal, und deshalb hat er für mich wohl alle Register gezogen.

Drei Wochen später holten wir Teddy an einem wunderschönen Tag endlich ab. Die Wintersonne ließ alles erglühen, und man hatte unter dem klaren Himmel einen wunderschönen Ausblick, zum Beispiel auf das Meer zu unserer Linken, das für Januar unglaublich blau aussah. Wilde Exmoorponys mit dickem und wolligem braunem Fell grasten auf einem Hügel – so etwas Schönes bekam man nicht oft zu sehen.

Weil die Welpen endlich alt genug waren, durfte Monty dieses Mal mitkommen. Ihm war die aufgeregte Stimmung zu Hause natürlich nicht entgangen, deshalb sprang er noch begeisterter als sonst durch die Gegend.

An manchen Tagen wirkte er so fit, dass wir befürchteten, ihn vielleicht zu früh in Rente zu schicken. Eigentlich hatte ich deshalb zu Peter gesagt, dass wir unseren Welpen trotzdem trainieren und ihn dann vielleicht für einen anderen Anwärter an *Canine Partners* zurückgeben könnten. Aber inzwischen liebte ich ja beide Hunde.

Was Montys Verhalten unserem Neuzugang gegenüber betraf, machten wir uns überhaupt keine Sorgen, als er aus dem Auto sprang und die Einfahrt entlanglief. Sheila kam und bat uns zu Kaffee und Kuchen herein, während wir schon aus der Ferne die Welpen bellen hörten. Ich fand das alles himmlisch, hatte ein breites Grinsen auf dem Gesicht und schien vor Glück zu schweben.

Teddy strotzte nur so vor Zufriedenheit und Gesundheit – inzwischen hatte sich sein Fell zu einem hellen Cremeton verfärbt, und er hatte immer noch die dunklen Abzeichen rund um Augen und Nase. Mittlerweile war er so schwer, dass ich ihn nicht mehr hochheben konnte, deshalb legte Peter ihn mir auf den Schoß. Nachdem er mir einmal übers Gesicht geleckt und versucht hatte, meine Mütze zu fressen, kam er zur Ruhe und schaute einfach nur dabei zu, wie seine Geschwister mit Monty spielten. Der fühlte sich inmitten der wilden Welpenmeute pudelwohl – er sah auf einmal viel jünger aus. Irgendwann sprang Teddy hinunter, um mitzumachen, bis er schließlich müde wieder auf meinen Schoß krabbelte und mit der Schnauze unter meinen Haaren einschlief.

Etwas später brachen wir auf und brachten die Hunde ins Auto. Monty schnallten wir mit seinem Spezialgurt an, und Teddy kam hinten in eine Transportkiste. Wie winzig er darin aussah! Ich winkte Colin und Sheila zum Abschied zu und wusste, dass wir hier eine Freundschaft fürs Leben geschlossen hatten. Wir würden oft nach Exmoor fahren, damit unser neuer Hund seine ersten Menscheneltern besuchen konnte.

Auf dem Weg nach Hause protestierte Teddy in jeder nur erdenklichen Form: Er weinte, bellte, übergab sich in seiner Transportbox und saute sie ein.

Es half nicht, dass Monty den Kopf auf die Kiste legte, und auch beruhigendes Zureden brachte nichts. Irgendwann legte ich eine CD ein, auf der der Pfarrer aus unserer Kirche sang, der ebenfalls Peter hieß. Stille. Als wir schließlich zu Hause ankamen, kannten wir die Lieder längst auswendig, aber wenigstens war Teddy zufrieden.

Bei unserer Fahrt durch Exmoor und nach Lynmouth hinunter hatten wir wieder diese zauberhafte Aussicht, und ich dachte: Was für ein schöner Ort, um geboren zu werden. Es ist doch wirklich unglaublich, wie wunderbar alles aussieht, wenn man es mit glücklichen Augen betrachtet.

Die Leute von *Canine Partners* hatten gefragt, ob ich selbst den Namen für den Hund aussuchen wollte, allerdings gab es dabei ein Problem. Man ging bei der Auswahl der Namen alphabetisch vor, der Name aller Hunde aus einem Jahrgang begann mit demselben Buchstaben. Weil man damals bei E angekommen war, schlug man mir zwei Namen vor: Eno oder Elvis.

Nun wusste ich nicht, was ich tun sollte. Ich konnte mir nun wirklich nicht vorstellen, quer über den Strand »Elvis!« zu rufen. Und was noch viel wichtiger war: Für uns hieß er doch längst Teddy, ein anderer Name passte da einfach nicht. Selbst unserem Postboten hatten wir unseren neuen Hund als Teddy angekündigt. Bei *Canine Partners* gab man jedoch zu bedenken, dass bei ihnen bereits ein Hund namens Teddy registriert war und sie keine zwei Tiere mit demselben Namen haben konnten.

Ich erklärte, dass ich mir die Sache durch den Kopf gehen lassen und mich dann noch einmal melden würde. Aber ich hatte keine Ahnung, was ich tun sollte. Erst auf dem Weg zu einem Arzttermin in einer Klinik in Bristol dämmerte es mir im Auto plötzlich: »Moment mal«, sagte ich zu Peter, »Teddy ist doch die Kurzform von Edward!« Peters Vater, John Edward, war vor nicht allzu langer Zeit gestorben, und er hatte unseren Hunden sehr nahegestanden – das war doch ein angemessener Tribut. Aufgeregt rief ich bei der Organisation an und fragte, ob wir den Welpen vielleicht Edward nennen und ihn weiterhin Teddy rufen könnten. Damit waren sie bei *Canine Partners* einverstanden. Im Büro würden sie ihn Teddy Edward nennen, um ihn vom anderen Teddy zu unterscheiden.

Colin und Sheila registrierten unseren Welpen beim Züchterverein *Kennel Club* und waren so lieb, mich bezüglich seines offiziellen Zuchtnamens nach meiner Meinung zu fragen. Diese Bezeichnungen waren immer sehr vornehm und prachtvoll, deshalb entschieden wir uns für Shannonstyle Edward Bear. Sein Bruder, der die siebenunddreißig Punkte erreicht hatte, würde nach seinem Züchter Shannonstyle Colin genannt – und Eno gerufen, da man ihn ebenfalls bei *Canine Partners* trainieren würde.

Colin und Sheila gaben mir auch eine Kopie von Teddys Stammbaum. Als ich nachzuforschen begann, stellte sich heraus, dass die Linie von Josh, seinem Vater, bis zu Fourwinds Bossanova of Lorinford zurückverfolgt werden konnte – dem Zuchtrüden, von dem Tante Gwens Hunde gestammt hatten. Also hatte ich schließlich doch einen von Boss abstammenden Welpen! Das war uns wohl vorherbestimmt.

Jetzt war es also offiziell: Teddy Edward gehörte zur Familie.

Kapitel 15

Teddy kommt nach Hause

Als wir mit Teddy nach Hause kamen, zeigten wir ihm als Erstes die Hundetoilette hinter dem Haus, die Peter für ihn angelegt hatte. Wir mussten lachen, als er sie sofort benutzte, und dann beschloss Monty, dass er jetzt auch gehen würde!

Danach schauten wir Teddy dabei zu, wie er durch die Küche tapste und sich mit seiner neuen Umgebung vertraut machte. Es wurde jetzt schon offensichtlich, dass er eine ganz andere Persönlichkeit hatte als Monty.

Seine entschlossene Miene zeugte von seinem Selbstbewusstsein. »Guck ihn dir nur an«, sagte ich zu Peter. »Der platzt ja geradezu vor Selbstvertrauen.« Und so war es auch. Monty hatte schwere Zeiten hinter sich, er brauchte viel Bestätigung und bettelte ständig um Zuneigung. Teddy hingegen war immer nur von Liebe umgeben gewesen, deshalb strotzte er geradezu vor Selbstsicherheit. So langsam fragte ich mich, ob das mit ihm nicht anstrengender werden würde als bisher gedacht.

Und ich konnte nur beten, dass Monty und er miteinander klarkommen würden. Monty war ein ruhiger, sanfter Hund, und hier hatten wir ihm nun so einen Wirbelwind vor die Nase gesetzt. Ich hoffte bloß, Teddy würde den alten Herrn nicht allzu sehr nerven.

Monty war von dem Neuzugang allerdings fasziniert. Er beobachtete ihn aufmerksam, als könnte er nicht glauben, was er da vor sich hatte.

Schaut euch den kleinen Kerl doch nur mal an!, schien er fassungslos zu sagen. Er wandte sich zu mir um. *Was macht der denn nur?*

Monty und Teddy spielten ein Weilchen zusammen, aber dann war klar, dass unser Welpe ein bisschen Ruhe brauchte. Wir trugen sein Körbchen in unser Schlafzimmer, wo auch Monty die Nacht verbrachte, und dann legte sich unser alter Golden Retriever daneben. Als wollte er so nah wie möglich bei seinem neuen Freund bleiben.

Canine Partners hatte mir alles zur Verfügung gestellt, was Teddy nach seiner Ankunft brauchen würde: das Körbchen, eine Leine, Futter und Spielzeug. Wir hatten auch einen Ordner mit Ratschlägen und eine Liste mit Telefonnummern, die ich anrufen konnte, wenn ich Hilfe brauchte. Ich fühlte mich wirklich gut umsorgt, und so geht es mir bis heute. Mit einem Welpen zu Hause kann man sich manchmal ganz schön allein vorkommen, aber mit *Canine Partners* musste ich einfach nur zum Hörer greifen, wenn ich ein Problem hatte.

Vorbeigebracht hatte Teddys Sachen Sarah, die auch die Welpen getestet hatte. »Hier ist sein Halsband«, sagte sie und reichte es mir.

»Aber Sarah, das ist ja rosa«, entgegnete ich. »Und Teddy ist doch ein Junge.«

»Genau«, nickte sie. »Wenn Sie mit ihm rausgehen, werden alle Leute sagen: ›Oh, ist das ein kleines Mädchen?‹ Dann müssen Sie ihnen die Sache erklären und kommen so ins Gespräch.«

Ich dachte, ich würde sterben, weil ich nämlich immer noch schüchtern und introvertiert war. Selbst an das große Interesse für Monty bei unseren Spaziergängen hatte ich mich ja noch nicht gewöhnt. Wie würde es erst werden, wenn ich mit einem Hund Gassi ging, der sowohl ein rosa Halsband als auch eine Weste trug? Sarah kannte mich gut, und sie wusste, dass sich für mich eine völlig neue Welt eröffnen würde, wenn ich gezwungen war, mit Menschen zu sprechen.

Während die Hunde schliefen, bereiteten wir das Essen vor. Zu jenem Zeitpunkt waren Handwerker bei uns im Haus, die neue Böden verlegten. Sie interessierten sich für Teddy und sein Training, und wir sprachen mit ihnen über *Canine Partners* und darüber, wie Teddy uns helfen würde. Selbst so viele Jahre später erzähle ich immer noch gern, was er alles kann. Ich bin einfach so stolz auf ihn.

Als sich Teddy irgendwann wieder rührte, hob ich ihn aus seinem Körbchen. Sein Fell war so weich und warm und wundervoll und er damit die perfekte Wärmflasche! Dann zog er erst einmal los und begrüßte alle, wobei ihn weder die leuchtend gelben Westen der Männer störten noch all der Lärm, den sie machten.

An diesem Abend hatten wir Gebärdensprachenunterricht. Im Nachhinein denke ich, wir müssen völlig verrückt gewesen sein, als wir Teddy an seinem ersten Abend mit zum Kurs genommen haben.

Aber den wollte ich eben auf keinen Fall verpassen. Nachdem wir Teddy gefüttert hatten, packten wir deshalb alles ein, was wir für ihn brauchen würden. Mich erinnerte das an ähnliche Ausflüge mit meinen Kindern, als sie noch klein gewesen waren. Wir nahmen einen Laufstall mit, in den wir ihn während des Unterrichts setzen würden, nachdem wir ihn mit einer Plastikplane und Zeitungen ausgelegt hatten.

Dabei würden wir an seiner Seite bleiben müssen, damit er nicht am Plastik knabberte. Spielzeug, Handtücher, die Wasserschüsseln für beide Hunde – oh, und unsere Hausaufgaben. Wir packten das Auto wie für eine Militäroperation und machten uns auf den Weg zum Kurs.

Man kann sich leicht vorstellen, mit was für einem Hallo wir dort begrüßt wurden! Auch Monty bekam viel Aufmerksamkeit und benahm sich wie ein stolzer großer Bruder.

Wir bauten das Gitter auf, stellten beiden Hunden Wasser hin und sagten: »Jetzt leg dich mal schön hin und schlaf ein bisschen, Teddy. So ist es brav.« Er spielte fünf Minuten, tat dann jedoch, wie ihm geheißen. Wie immer ruhte Monty außerhalb des Laufstalls Fell an Fell mit ihm, und so dösten die beiden bis zur Teepause.

In der Pause nahm ich Teddy und Monty mit nach draußen, damit sie das Beinchen heben konnten, dann gingen wir wieder rein, und die beiden holten sich von allen ihre Schmuseeinheiten. Es war einfach nur toll, alle bereiteten ihnen so ein warmes Willkommen. Wir reichten Teddy herum, baten unsere Mitschüler jedoch darum, nicht zu wild mit ihm zu spielen. Er sollte ja nicht so aufgekratzt werden, dass er später nicht schlafen konnte. Dabei riefen wir ihnen auch in Erinnerung, dass Welpen Menschen bei Aufregung gern auf den Schoß pinkelten! Der Unterricht würde nie wieder derselbe sein. Teddy war da!

In der zweiten Hälfte des Kurses saß der Kleine in seinem Laufstall und sah uns dabei zu, wie wir uns mit Gebärden verständigten. Sein kleiner Kopf sauste hin und her, während er die Handbewegungen des einen und anderen betrachtete. Dann döste er irgendwann wieder ein. Im Unterricht störte er nie auch nur ein einziges Mal, er schlief sogar meine komplette Gebärdensprachen-Abschlussprüfung hindurch. Darüber lachten meine Mitschüler herzlich, und sie fragten, ob ich seine Leine als Spickzettel benutzt hatte! Mal abgesehen vom Hausmeister waren wir immer die Letzten, die das Gebäude verließen, weil wir Teddys ganze Sachen zusammenpacken und zum Auto bringen mussten. Peter meinte, wir bräuchten eigentlich einen Lkw.

Wieder zu Hause, brachten wir Teddy nach draußen in seine Hundetoilette, fütterten ihn noch ein letztes Mal und legten ihn dann in sein Körbchen am Fußende unseres Bettes. Wenn mir Monty dann half, mich bettfertig zu machen, beobachtete Teddy jede seiner Bewegungen. Es kam mir vor, als wüsste er schon, dass dies eines Tages seine Aufgabe sein würde. Schließlich legte sich

Monty neben Teddys Körbchen und schlief an seiner Seite ein.

Teddy wachte in der Nacht einmal wimmernd auf. Ich ging mit ihm hinaus zur Hundetoilette, danach schlief er sofort wieder ein. Um sechs Uhr morgens war er erneut wach, und ich ging noch einmal mit ihm hinaus.

Von da an besuchten wir die Toilette zu jeder vollen Stunde und jedes Mal, wenn er gegessen, getrunken, gespielt oder geschlafen hatte. Ich gab ihm das Stichwort, und wenn er tatsächlich das Beinchen gehoben oder ein Häufchen gemacht hatte, bekam er zur Belohnung etwas Hähnchenfleisch.

Teddy lernte schnell und merkte bald, dass er den Leckerbissen auch bekam, wenn er nur so tat, als würde er pinkeln. Ich wurde schnell zur Expertin und überprüfte genau, ob er auch nicht geschummelt hatte!

Aber es war schon einmal gut, dass er sein Verhalten in Erwartung einer Belohnung anpasste, denn so würde es beim formellen Training später ja auch laufen.

Es zeigte sich mehr und mehr, was für ein lebhafter kleiner Kerl Teddy war. Sein gutes Benehmen beim ersten Gebärdensprachen-Unterricht war wohl ein glücklicher Zufall gewesen – der Kurs war genau in den Zeitraum gefallen, in dem er sowieso geschlafen hätte, deshalb hatte automatisch Ruhe geherrscht. Aber tagsüber war er hellwach. An seinem zweiten Tag versuchten wir, ihn in ein Café mitzunehmen, aber er wollte dort einfach nicht still sitzen. Schließlich musste Peter ihn auf dem Schoß festhalten. Allerdings trug das zur Beliebtheit meines Mannes bei – als ich kurz Kaffee holen ging, fand ich ihn bei meiner Rückkehr von Frauen umringt vor!

Wenn wir mit Teddy zum Pinkeln hinausgingen, raste er durch den Garten, und mir wurde klar, dass ein Spaziergang mit Monty und mir für ihn einfach nicht genug war. Peter würde noch einmal mit ihm losziehen müssen, damit er sich so richtig austoben konnte.

Nun bestand meine Aufgabe darin, diesen energiegeladenen kleinen Fellball in einen Assistenzhund zu verwandeln, der nicht nur kam, sondern auch bei mir blieb, wenn ich es ihm sagte, und der mich rund um die Uhr versorgen sollte. Mein Leben würde in seinen Pfoten liegen. Als ich ihn im Garten haarscharf an den Bäumen vorbeirasen sah, fragte ich mich, worauf ich mich da nur eingelassen hatte. Ich hoffte wirklich, dass Sarah auf alles gefasst war.

Kapitel 16

Klickertraining

Normalerweise verbringen von *Canine Partners* ausgesuchte junge Hunde die ersten zwölf Monate ihres Lebens bei »Welpeneltern«. Diese Freiwilligen absolvieren mit ihnen eine Grundausbildung, bevor dann das richtige Training losgeht. Welpeneltern zu sein, ist ein harter Job. Schlaflose Nächte, Pfützen auf dem Fußboden, angeknabbertes Spielzeug und die ganze Arbeit der Grundausbildung – gefolgt von einem gebrochenen Herzen, wenn der Welpe dann geht, um mit dem richtigen Training zu beginnen. Immerhin dürfen die Welpeneltern den Hund noch einmal bei seiner Abschlussfeier sehen, und natürlich wird später der Ankunft eines neuen Welpen voll Begeisterung und Aufregung entgegengefiebert. Manchmal kehren die Hunde sogar zu ihnen zurück, wenn sie in Rente gehen – und darauf freuen sich die Eltern dann wahnsinnig. Freiwillige sind für den Erfolg eines wohltätigen Vereins unentbehrlich. Die Organisation *Canine Partners* öffnet vielen die Tür zur Unabhängigkeit, man muss sich jedoch klarmachen, dass die Welpeneltern der Schlüssel zu dieser Tür sind.

In meinem Fall lief alles ein kleines bisschen anders,

weil ich sowohl Teddys Welpenmutter als auch seine lebenslange Partnerin sein würde. Andy hatte mir erzählt, dass es noch andere Menschen in meiner Position gab: Sie brauchten ein neues Assistenztier, brachten es jedoch nicht über sich, ihren alten Hund abzugeben. Und deshalb hofften alle darauf, dass die Sache funktionieren würde. Der Druck auf mich war groß.

Dabei ist es ja eigentlich schon anspruchsvoll genug, den Beginn eines jungen Hundelebens zu begleiten. Welpen sind wie kleine Schwämme und saugen alles um sich herum auf. Wie ein Hund während seiner ersten Wochen behandelt wird, ist ganz entscheidend – man kann ihn nämlich in nur fünf Minuten ruinieren. Wenn man mit jungen Hunden schimpft oder gemein zu ihnen ist, dann vertrauen sie einem nie wieder. Und Golden Retriever sind äußerst sensibel. Es gibt durchaus Hunde anderer Rassen, an denen Geschrei einfach abperlt, Golden Retriever haben jedoch kein dickes Fell. Selbst jetzt, als erwachsener Hund, ist Teddy manchmal verletzt, wenn ich ein wenig zu schroff »Jetzt mach schon!« rufe, das sehe ich ihm an. Und bei Welpen muss man noch viel mehr aufpassen.

Deshalb hatte es mir auch so gut gefallen, dass Colin und Sheila Martin den Wurf so liebevoll behandelten. Sheila hatte sich ganz bewusst fünfmal am Tag mit jedem Welpen einzeln beschäftigt, damit er auch verstand, dass er geliebt wurde – das hieß fünfzigmal Kuscheln am Tag! Aber ich glaube, das merkte man später am Verhalten: Bei den Tieren aus ihrem Wurf handelte es sich durchweg um selbstbewusste Hunde, die sich in ihrer Haut wohlfühlten.

Bei *Canine Partners* wurden Hunde durch Belohnen erzogen, niemals durch Schimpfen. Das war auch immer mein Ansatz gewesen, wenn es um Tiere ging – anders hätte mir die Sache überhaupt nicht zugesagt. Ich würde niemals grausam zu irgendeinem Lebewesen sein und glaubte auch nicht daran, mich mit Gewalt durchzusetzen. Durch EB hatte ich mich mein Leben lang unterlegen und angreifbar gefühlt, deshalb wollte ich nun wirklich nicht, dass einer meiner Hunde zum Underdog wurde. Außerdem ist Wut nie wirklich effektiv. Auf jemanden wütend zu werden, wenn er etwas ausprobiert, führt doch nur dazu, dass er es nicht noch einmal versucht. Aber wenn du ihn immer wieder lobst und anspornst, will er es beim nächsten Mal noch besser machen.

In dieser Hinsicht sind Hunde wie Menschen. Außerdem macht man auf diese Weise seinen Hund glücklich, und ein glücklicher Hund will gern weiterarbeiten. Nach wie vor betone ich, dass Teddy nie etwas falsch macht. Wenn er eine Anweisung nicht befolgt, habe ich mich eben nicht klar genug ausgedrückt.

Ich wurde von *Canine Partners* auch mit dem Klickertraining vertraut gemacht, von dem ich vorher noch nie gehört hatte. Sarah gab mir einen Klicker – ein kleines Plastikgerät, das wie ein Knackfrosch ein Klickgeräusch von sich gab, wenn man an der Seite einen Knopf drückte. Am Anfang war mir nicht klar, was das eigentlich sollte – Monty hatte ich schließlich auch ohne so etwas trainiert.

Aber sobald ich mich damit erst einmal zurechtgefunden hatte, kam mir das Training damit vor wie die reinste Zauberei. Was bei Monty Monate gedauert hatte, konnte ich Teddy innerhalb von Sekunden beibringen.

Beim Klickertraining lernt der Hund, dass es nach dem Klickgeräusch immer eine Belohnung gibt. Damit kann man einen Hund ganz einfach erziehen: Man gibt ihm ein Leckerli oder belohnt ihn auf andere Art, sobald man den Klicker gedrückt hat.

Bald begreift er, dass er sich das Klickgeräusch und damit die Belohnung erst erarbeiten muss, und damit wird das Klicken selbst erstrebenswert.

Man muss auf das Geräusch allerdings auch jedes Mal eine Belohnung folgen lassen, sonst verliert es seine Macht.

Der große Vorteil des Klickers ist seine Exaktheit: Man kann genau in dem Moment auf den Knopf drücken, in dem der Hund das gewünschte Verhalten zeigt. Dafür ist die Stimme einfach nicht schnell und auch nicht gleichbleibend genug, das Klicken hingegen ist jedes Mal dasselbe. Ohne den Klicker ist es viel schwieriger, beim Hund die Verbindung zwischen Verhalten und Belohnung herzustellen.

Ich dachte daran zurück, wie ich Monty und Penny während ihrer ersten Zeit bei uns beizubringen versucht hatte, dass Belohnungen in Bezug zu ihrem Verhalten standen. Meistens hatten sie einfach nur das Futter in meiner Hand gesehen und wollten sich darauf stürzen. Deshalb war es unmöglich, sie zu irgendetwas anderem zu bewegen. Mit dem Klicker hätten wir alles viel schneller geschafft.

Wenn Hunde das Geräusch des Klickers mit gutem Benehmen in Verbindung gebracht haben, bedeutet ein Klicken wie bei dem Kinderspiel »wärmer«, während Stille »kälter« heißt. Wenn man seinem Hund beispielsweise beibringen will, die Waschmaschine zu bedienen, reagiert man zunächst jedes Mal mit Klicken und Leckerli, wenn er sich der Maschine nähert. Dadurch wird er lernen, dass das erhoffte Verhalten irgendetwas mit der Waschmaschine zu tun hat.

Wenn er sie schließlich berührt, gibt es wieder ein Klicken und ein Leckerli. Allerdings muss man danach mit dem Klicken erst einmal aufhören, bis der Hund begreift, was als nächster Schritt von ihm erwartet wird.

Als ich Teddy wegen der Waschmaschine trainiert habe, wurde er an diesem Punkt frustriert und fing an, mit der Schnauze dagegenzuhauen. Er wurde so wütend auf das blöde Ding, dass er irgendwann hineinbiss. Natürlich wurde das von mir mit einem Klicken plus Leckerli belohnt. Dann hörte ich auf, weil mich natürlich nicht jede Stelle an der Maschine weiterbrachte: Er musste schließlich den Griff mit den Zähnen erwischen. Zu diesem Zeitpunkt knuffte er die Maschine überall, also klickte ich, als er sich dabei dem Hebel näherte. Als er am Ende hineinbiss, ging die Tür auch sofort auf!

Fürs Klickertraining muss man reichlich Geduld mitbringen, aber es funktioniert einfach. Wenn man einen Ablauf lange genug übt, geht er irgendwann ganz automatisch von der Hand, äh, Pfote. Die Waschmaschine auszuräumen, ist für Teddy etwa so, als würde ein Mensch Tee kochen. Der gibt dann Wasser in den Kessel, holt die Tassen heraus und legt in jede einen Teebeutel, ohne groß darüber nachzudenken.

Am schwierigsten fand ich es, den korrekten Einsatz des Klickers zu lernen. Man muss genau im richtigen Moment drücken, sonst weiß der Hund nicht, wofür er belohnt wird. Junge Hunde bewegen sich schnell, und wenn man da nicht korrekt klickt, wird der Welpe schnell frustriert, weil er keine Ahnung hat, was von ihm erwartet wird. Um das Klicken zu üben, bat mich Sarah zunächst, es einmal mit ihr auszuprobieren. Ich musste mir überlegen, was sie für mich tun sollte, und korrektes Verhalten mit einem Klicken belohnen. Das mag ganz einfach klingen, ich konnte jedoch nicht fassen, wie schwierig es in der Praxis war. Das öffnete mir wirklich die Augen. Beim ersten Durchgang wollte ich, dass sie das Licht einschaltete, aber es gab im Zimmer ja so viele Dinge. Ich belohnte sie dafür, dass sie auf die Tür zuging, aber wie sollte ich ihr verständlich machen, dass sie die Tür dann nicht durchschreiten sollte? Wir konnten nicht aufhören zu lachen, und es dauerte eine Ewigkeit, aber ich ließ nicht locker. Und irgendwann: Bingo! Sarah drückte auf den Schalter!

Dann ließ sie mehrmals einen Tennisball aufprallen, und ich musste in genau der Sekunde klicken, in der er den Boden berührte. Das zahlte sich später aus. Als nämlich das Training mit Teddy losging, war ich beim Gebrauch des Klickers viel selbstsicherer. Zumindest dachte ich das!

Zu Hause versuchte ich dann meinem Welpen beizubringen, meine Haarbürste aus der Küche zu holen und sie mir zu bringen. Ich klickte, als er sie aufhob. Genau in diesem Moment hatte er sich allerdings zu mir umgedreht und seinen Schwanz entdeckt. Weil er das Klicken darauf bezog, begann er sich im Kreis zu drehen und seinen eigenen Schwanz zu jagen.

Dabei hielt er nur von Zeit zu Zeit inne, um zu sehen, wann er sein Leckerli bekam. *Guck mal, guck doch nur, guck! Ich mach's ja! Krieg ich dafür etwa keine Belohnung?* Ich musste ihn ablenken, und das war es erst einmal mit dem Unterricht.

Zwei Tage lang jagte er immer mal wieder seinem eigenen Schwanz hinterher, bis er endlich begriff, dass es dafür wohl kein Klicken geben würde.

Kapitel 17

Die Ausbildung beginnt

Der Unterricht mit *Canine Partners* fing an, als Teddy dreizehn Wochen alt war. Während der ersten vier Wochen
nach seiner Ankunft bei uns zu Hause erzog ich ihn allein.
Da ich wusste, was für ein Energiebündel Ted war, musste
ich ihm wohl zunächst das Stillsitzen beibringen. Für
einen Welpen war das eine Riesenherausforderung. Also
schnappte ich mir den Klicker, eine Schüssel mit Leckerlis
und ein Buch. Ich legte Teddy die kurze Leine an, stellte
meinen Fuß darauf und begann zu lesen.

Er fing augenblicklich an, herumzutollen und um Aufmerksamkeit zu buhlen, ich ignorierte ihn jedoch. Dann
kaute er an seiner Leine, bellte und winselte. Irgendwann
wurde er müde und legte sich hin. Erst dann klickte ich
und gab ihm seine Belohnung, bevor ich aufstand und
eine Weile mit ihm spielte.

Damit war die erste Unterrichtseinheit beendet. Teddy
musste jeden Tag ein bisschen länger ruhig liegen bleiben,
bevor er sein Leckerli bekam. Ich konnte es kaum fassen,
als er es nach zwei Wochen bereits eine halbe Stunde aus-
hielt.

Bei uns im Haus wurden immer noch Fußböden verlegt, und generell herrschte ziemliches Chaos. Das war nun wirklich kein idealer Zeitpunkt, um sich einen Welpen zu holen! Andererseits hieß es aber, dass ich sowieso nur in die Küche oder den Wintergarten konnte und deshalb viel Zeit hatte, um mit Teddy zu trainieren. Das machte ich über den Tag verteilt auch immer wieder. Fünf Minuten Training, dann wurde gespielt, und schließlich konnte Teddy sich ausruhen.

Bei *Canine Partners* hatte man mir eine Liste mit über hundert Aufgaben gegeben, die Teddy vor seinem Abschluss beherrschen musste, und sich mit den Worten »Wir sehen uns dann im Frühling« von mir verabschiedet. Ich hatte das so verstanden, dass er diese Tricks alle bis zum Frühjahr beherrschen musste, und arbeitete deshalb so hart ich konnte. Später wurde mir dann klar, dass wir noch ein ganzes Jahr länger dafür Zeit hatten. Trotzdem war es ein guter Start, und als Teddy älter wurde, war ich dankbar für den Vorsprung.

Die Trainingsstunden mit Sarah fanden dann im *Forest Inn* statt, einem Pub in der Dartmoor-Gegend. Dort trafen wir uns einmal die Woche zum Unterricht mit Teddys Bruder Eno und seiner Welpenmutter Sandra. Andy Cook erklärte mir später, dass sie bewusst zwei Welpen aus dem Shannonstyle-Wurf trainierten, falls es mit mir und Teddy nicht klappen würde. Wie gut die sich um mich kümmerten! Teddy und Eno waren über ihr Wiedersehen begeistert und spielten und rauften nach jeder Sitzung.

An den Kurs im *Forest Inn* habe ich nur die allerbesten

Erinnerungen. Nach der Unterrichtseinheit wurden uns von den Besitzern, James und Irene, Plätzchen und Tee vor einem flackernden Kaminfeuer serviert, und wir plauderten angeregt darüber, was die beiden Kleinen heute alles gelernt hatten. Pubhund Spider setzte sich während des Trainings zu Peter und Monty und beobachtete alles interessiert.

Sarah war eine ganz wunderbare Lehrerin, mit genau dem erforderlichen Maß an Schwung und Enthusiasmus. Zum Glück war sie durchaus auch ein wenig streng, sonst hätte ich meine Ziele wohl kaum erreicht. Ich habe von ihr viel gelernt. Am ersten Tag sagte ich »Sitz!« zu Teddy. Als er nicht sofort reagierte, wiederholte ich meine Aufforderung. Da griff Sarah umgehend ein. »Wollen Sie, dass Ihr Hund ›Sitz!‹ oder dass er ›Sitz, Sitz!‹ macht?«

Sie erklärte mir, wie wichtig es war, dass der Welpe ein einziges Wort als Kommando lernte, sonst würde ich es auch beim nächsten Mal wiederholen müssen. Für das Training mit einem jungen Hund brauchte man eben viel Geduld.

Als eine der ersten Lektionen sollten wir den Hunden im Pub beibringen, dass sie nichts vom Fußboden fressen durften. Sarah positionierte Schälchen mit Hähnchen und anderen Leckereien auf dem Pubboden, dann ließen wir die Hunde von der Leine, sodass sie frei durch den Raum laufen konnten. Dabei blieben wir jedoch an ihrer Seite und stellten den Fuß auf eins der Schälchen, sobald sie daran Interesse bekundeten. Die Stimme durften wir dabei nicht einsetzen, weil wir sonst wohl ständig Nein sagen würden, wenn die Welpen später groß waren. Sie sollten lernen, dass es nichts brachte, etwas vom Boden zu essen, weil wir es ja doch immer abdecken würden. Bei mir lief es super, bis Sarah rüberkam und mich in ein Gespräch verwickelte. Ich wandte mich ihr zu, versuchte aber gleichzeitig, auch Teddy im Auge zu behalten. Sobald ich nicht mehr in seine Richtung schaute, tapste er auf eins der Schälchen zu.

»Passen Sie auf Ihren Welpen auf!«, warnte Sarah.

»Aber Sie haben doch gerade mit mir geredet!«, verteidigte ich mich. Sie erklärte, dass sie mich absichtlich abgelenkt hatte, weil genau das auch bei Spaziergängen mit Teddy passieren würde – Leute würden auf mich zukommen und mich ansprechen, aber ich musste trotzdem vierundzwanzig Stunden am Tag auf ihn achtgeben. In diesem Moment wurde mir klar, wie viel ich noch zu lernen hatte.

Wir brachten Teddy auch bei, an der losen Leine zu laufen – sobald er zu zerren begann, blieb ich stehen, rief ihn bei Fuß und ging mit ihm eine Achterfigur. Wenn seine Haltung dabei korrekt war, klickte ich und belohnte ihn. Es erforderte viel Ausdauer, irgendwann hatte er jedoch gelernt, dass wir uns nicht vom Fleck bewegen würden, wenn er sich falsch benahm.

Als er älter war, lernte er dann auch, im richtigen Moment zu ziehen, sodass er mir beim Aufstehen und Treppensteigen helfen konnte – wie Monty bekam er ein Geschirr, an dem ich mich festhalten konnte. Dabei musste ich ihm beibringen, genau die richtige Menge an Kraft aufzubringen. Das Zimmer, das ich in London während meiner Krankenhausbehandlungen miete, liegt nicht im Erdgeschoss. Peter nimmt dort mit unserem Gepäck den Lift, ich habe jedoch Panik vor Aufzügen, deshalb steige ich lieber Treppen. Früher hatte ich dabei immer furchtbare Angst zu fallen, inzwischen zieht mich Teddy jedoch so flott die Stufen hinauf, dass er mich damit zum Lachen bringt.

Zu Hause versuchte ich Teddy zwischen den Trainingseinheiten dazu zu bringen, dass er unter allen nur erdenklichen Umständen zu mir kam. Deshalb rief ich ihn vom Garten aus oder während er fraß, oder ich lotste ihn im Haus von Raum zu Raum.

Er sah das Ganze als Spiel an und fand es toll. Alles, was wir machten, war für ihn ein Riesenspaß. Weil er keine Angst hatte, dass man mit ihm schimpfen würde, war er ein fröhlicher und selbstbewusster Hund.

Wenn wir Gassi gingen, ließ ich Teddy immer etwas weiter weglaufen und spielen. Aber sobald er sich mehr als sechs Meter von mir fortbewegte, rief ich ihn zurück. Er kriegte ein Leckerli, wenn er schnell genug wieder bei mir war – kam er zu langsam, gab es keine Belohnung.

Ab einem bestimmten Zeitpunkt kehrte er ganz von allein regelmäßig zu mir zurück, um zu sehen, ob ich ihn dafür belohnen würde.

Auf dem Tarka Trail in Instow in Devon gab es eine Stelle, an der Lkw vom nahen Marinestützpunkt den Pfad überquerten. Teddy brachte ich bei, sich dieser Kreuzung allein nicht weiter als bis auf fünf Meter zu nähern. Die Leute waren baff, wenn sie sahen, wie er erst darauf zurannte, dann plötzlich abdrehte und zu mir zurückkam.

Selbst wenn er mit anderen Hunden vorrannte, eilte er an dieser Stelle immer an meine Seite. Und das alles hatte ich ihm nur mit dem Klicker beigebracht.

Jede einzelne Lektion aus dem *Forest Inn* stellte sich im Zusammenleben mit Teddy schnell als nützlich heraus. Einmal wollten wir mit Ted und Monty einen Ausflug nach Sidmouth machen. Die Wettervorhersage war gut, daher fuhren wir trotz des Regens am Morgen los, und es klarte unterwegs tatsächlich auf.

Als wir ankamen, nahm Peter Montys Leine und ich die von Teddy. Wir machten uns auf den Weg zu den wunderschönen Gärten am Kliff, in denen immer bunte Blumen leuchteten. Leider fing es dort bald wieder zu regnen an, da es aber ohnehin nur ein kurzer Spaziergang werden sollte, gingen wir nicht zum Auto zurück, um die Schirme zu holen.

Die beiden Hunde freuten sich darüber, dass sie sich die Beine vertreten konnten, und schnüffelten begeistert herum. Monty war zu Pennys Lebzeiten schon einmal hier gewesen, für Teddy war es jedoch der erste Besuch. Leider regnete es bald in Strömen, daher nahmen wir irgendwann eine Abkürzung zurück zum Auto.

Aber dann blieb Teddy plötzlich wie angewurzelt stehen, und ich hatte keine Ahnung, warum. Er weigerte sich, auch nur einen Schritt weiterzugehen, drehte sich sogar um und wollte unbedingt den gleichen Weg wieder zurück nehmen. Als ich mich im Park umschaute, entdeckte ich die riesige pechschwarze Statue eines leicht vorgebeugten Fiedlers.

Und die versetzte Teddy in Angst und Schrecken, er wollte sich dem Denkmal keinesfalls nähern. Tatsächlich ist es gar nicht so ungewöhnlich, dass Hunde sich vor solchen Monumenten fürchten. Da sie selbst vor einem Angriff erst einen Moment stocksteif dastehen, misstrauen sie auch allem, was sich nicht rührt. Und sie verstehen auch nicht, was sie da vor sich haben: Es sieht aus wie ein Mensch, bewegt sich aber nicht. Mir war diesbezüglich auch schon aufgefallen, dass Teddy in Läden die kopflosen Schaufensterpuppen nicht geheuer waren.

Ich hätte jetzt einfach direkt mit ihm zum Auto zurückgehen können, aber ich wollte nicht direkt nach dieser schlechten Erfahrung aufbrechen. Ted sollte Sidmouth doch in guter Erinnerung behalten. Deshalb fragte ich Peter, ob es ihm etwas ausmachen würde, sich vor dem Regen geschützt mit Monty in einen der Unterstände zu setzen, während ich mit Teddy etwas ausprobierte.

Da ich meinen Klicker sowie Leckerlis in der Tasche hatte, wollte ich jetzt gern in die Tat umsetzen, was ich über Hundetraining gelernt hatte. Natürlich wollte ich Teddy keine Angst machen, aber er sollte wirklich nicht gleich Reißaus nehmen, wenn ihn etwas erschreckte. Deshalb wollte ich ihm zeigen, dass ihm die Statue nichts tun würde.

Zunächst stellte ich mich deshalb so zwischen ihn und das Denkmal, dass er es nicht mehr direkt sah, auch wenn er natürlich um mich herum gucken konnte, wenn er wollte. Wir bewegten uns ein paar Schritte vom reglosen Geiger weg und dann wieder auf ihn zu. Ich klickte und gab Teddy seine Belohnung, bevor wir uns abwandten. Das machte ich etliche Male, dabei hielt ich mich immer zwischen meinem Hund und der Statue, klickte und belohnte ihn. So langsam durchweichte der Regen meine Sachen, und meine Hände waren so nass, dass ich den Klicker kaum noch festhalten konnte. Wir durchschritten den Park diagonal, gerade und in Kreisen. Dabei kamen wir dem Denkmal nie richtig nahe, Teddy gewöhnte sich jedoch nach und nach an seine Anwesenheit.

Um meine Theorie zu testen, drehte ich mich jetzt um und ging wieder mit Ted durch den Park, dieses Mal verdeckte ich den Fiedler aber nicht mehr mit meinem Körper. Wir liefen direkt an ihm vorbei, sodass Teddy ihn sehen konnte, und ich klickte und belohnte meinen Hund bei jedem Blick in Richtung des reglosen Mannes.

Dann verringerten wir die Entfernung immer weiter, bis wir schließlich im Kreis um die Statue gehen konnten. Ich bat Peter, kurz Teddys Leine zu nehmen, während ich in etwa drei Metern Entfernung Leckerlis rund um den Fuß der Statue verteilte. Schließlich übernahm ich wieder Teddys Leine und begann, mich mit dem Fiedler zu unterhalten. Ich lachte, fragte ihn, wie es ihm ging, und tat so, als würde ich seiner Antwort lauschen.

Vorsichtig trat Teddy vor und fraß die Leckerlis. Dann nahm ich ein paar davon und ließ sie aus der Hand des Geigers für Teddy runterfallen. Er verputzte sie und schien dabei überhaupt keine Angst mehr zu haben.

Plötzlich ertönte Applaus. Ein paar Leute hatten sich vor dem Regen in einen der Unterstände gerettet und mir von dort aus bei meiner Trainingseinheit zugesehen. Unsere Zuschauer erklärten mir, sie seien fest davon überzeugt gewesen, dass ich Teddy niemals in die Nähe des Denkmals kriegen würde. Sie fanden es einfach fantastisch, wie ich sein Selbstbewusstsein gestärkt hatte.

Im Anschluss gingen Peter und ich mit unseren beiden Jungs in ein Café, um uns wieder aufzuwärmen. Während wir dort Tee tranken, hörte es auf zu regnen, und die Sonne kam heraus. Ich finde Sidmouth bei jedem Wetter toll, bei Sonnenschein sehen die roten Felsen jedoch besonders beeindruckend aus. Auf dem Weg zurück zum Auto führte ich Teddy dann noch einmal an der Statue vorbei, und er schenkte ihr dieses Mal keinerlei Beachtung. Auch bei unserem nächsten Ausflug dorthin drei Wochen später störte ihn das Denkmal nicht.

Dafür hatte ich zwar im strömenden Regen eine Dreiviertelstunde im Kreis laufen müssen, aber das war es mir wert gewesen, um Teddy sein Selbstbewusstsein zurückzugeben. Ich hatte ihm beigebracht, sich seinen Ängsten zu stellen, und war bei der Fahrt zurück nach Hause unglaublich stolz auf ihn.

Peter und ich genossen jede einzelne Minute des Trainings. Es war wirklich toll, Teddy beim Heranwachsen und Lernen zuzusehen. Aber das Ganze war auch harte Arbeit – wir mussten einmal in der Woche zum Unterricht und bekamen von Sarah sogar Hausaufgaben. So gern ich das auch alles machte, ich hatte gleichzeitig immer das Gefühl, dass noch unendlich viel zu tun blieb.

Und ich konnte nie den Gedanken an die vielen Leute abschütteln, für die unser Erfolg wichtig war, weil auch sie ihre Hunde behalten wollten. Es kam mir vor, als hätte ich ihnen gegenüber eine Verantwortung.

Teddy zeigte gute Leistungen, aber er war immer noch sehr, sehr quirlig. Dabei lernte er schnell, manchmal sogar zu schnell. Alles, was man ihm sagte, wurde in einem Affenzahn erledigt, und er wollte uns immer einen Schritt voraus sein.

Im *Forest Inn* brachten wir ihm bei, vorsichtig an etwas zu ziehen, damit er mir helfen konnte, Jacke und Socken auszuziehen. Zuerst lernte er, ein Seil zu berühren, und danach, daran zu ziehen. Sobald er dieses Kommando beherrschte, band Sarah das Seil an einen Türknauf, zeigte Teddy ein Stück Schinken, warf es durch die Tür und machte sie zu. »Wie soll er denn jetzt da rankommen?«, fragte ich. Sarah sagte: »Machen Sie ihn los und geben Sie ihm das Kommando.« Aber sobald ich seine Leine löste, rannte Teddy blitzschnell los, zog die Tür auf und aß den Schinken, bevor ich auch nur ein Wort sagen konnte.

»Oh«, seufzte Sarah. »Na ja, vielleicht kriegen wir ihn ja dazu, dass er beim nächsten Mal wartet, bis er aufgefordert wird.«

Aber so war Teddy nun mal – er wartete nicht ab. Sobald er wusste, was er tun sollte, legte er einfach los. Und deshalb war es auch keine einfache Aufgabe, ihn zu erziehen.

»Also, wissen Sie, ich bin mir nicht sicher, ob Teddy sich

je wirklich als Assistenzhund eignen wird«, gestand mir Sarah eines Tages. »Er ist einfach zu überschwänglich.«

Ich schaute zu Teddy hinüber, der sich gerade mit Eno am Boden wälzte, und musste zugeben, dass er tatsächlich über etwas zu viel Energie verfügte. Aber ich vergötterte ihn und würde ihn niemals aufgeben. Ich würde Teddy zu meinem Assistenzhund ausbilden, und wenn es das Letzte war, was ich tat. Seinen Erfolg wünschte ich mir mehr als alles andere auf der Welt.

Kapitel 18

Monty und Teddy

Eventuelle Bedenken, die ich wegen des Zusammenlebens von Monty und Teddy gehabt hatte, waren schnell verflogen. Teddy war zwar immer noch ein Wirbelwind, in Montys Gegenwart wurde er jedoch schnell ruhiger. Er versuchte niemals, ihn in zu wilde Spiele zu verwickeln oder ihn zu ärgern, und gab gut acht, dem älteren Hund niemals im Weg zu sein. Ted ließ Monty immer als Ersten fressen und trinken, weil er ihn einfach zu respektieren schien. Als ich dem Tierarzt erzählte, wie gut es mit den beiden lief, war das für ihn keine Überraschung. »Na ja, Monty war doch schließlich als Erster bei Ihnen, oder?«, sagte er. »Er ist der Chef.«

Ich schielte zu Peter rüber, und wir fingen an zu prusten, schließlich sah es nun wirklich nicht so aus, als hätte Monty bei den beiden das Sagen. Wir hatten eigentlich gedacht, dass Teddy ihm gegenüber einfach nur besonders rücksichtsvoll war – und überhaupt nicht mitbekommen, dass er sich dem älteren Tier in Wirklichkeit unterordnete. Offenbar brachte Teddy an Monty ganz neue Seiten zum Vorschein.

Man merkte Monty auch weiterhin an, wie alt er wurde,

aber wenigstens hatte ihm die Ankunft des Welpen ein wenig Lebensfreude zurückgegeben.

Er blieb immer öfter bei Margaret, die uns damit einen großen Gefallen tat. Ich war so dankbar dafür, dass er jetzt zwei liebevolle Zuhause hatte. Während Teddy noch ausgebildet wurde, half Monty mir weiterhin im Haushalt. Ich fragte den Tierarzt, ob wir ihn besser davon abhalten sollten, der meinte jedoch, dass unser Hund schon von allein aufhören würde, wenn es ihm reichte. Wieder fragte ich mich, ob wir Teddy vielleicht zu früh geholt hatten.

Doch dann wurde uns eines Tages klar, dass er genau zum richtigen Zeitpunkt gekommen war: Wir hatten mit beiden Hunden einen Strandspaziergang gemacht und waren dann nach Hause zurückgekehrt. Peter und ich saßen im Wohnzimmer und unterhielten uns, während Teddy sich auf den Weg in den Garten machte, wo er gerne herumtollte.

Monty wollte ihm eigentlich folgen, stolperte jedoch und fiel hin. Als Peter ihm aufhelfen wollte, kam er nicht richtig auf die Beine und schwankte ganz furchtbar. Er wirkte, als sei er betrunken. Es war grauenhaft, das mit anzusehen, und Teddy wurde ganz unruhig. Deshalb setzte sich Peter zu Monty auf den Boden und wiegte ihn im Arm, während ich den Tierarzt anrief. Teddy versuchte immer wieder, Peter wegzuschieben und Monty zu helfen.

Ich wusste nicht, was mit Monty los war, aber das sah gar nicht gut aus. Wir wickelten ihn in eine Decke und brachten ihn zum Tierarzt, der beim Anblick der flattern-den Lider sofort sagen konnte, dass unser Hund einen

Schlaganfall erlitten hatte. Und er kam deshalb nicht auf die Beine, weil er nicht mehr richtig sehen konnte.

Als ich die furchtbare Nachricht hörte, war ich einer Ohnmacht nahe. Teddy lehnte sich gegen meine Beine. Nein, Monty durfte uns einfach nicht verlassen! Gut, wir hatten jetzt Teddy, aber ich liebte Monty doch über alles! Er war so ein liebevoller Hund, und er hatte es wirklich nicht verdient zu leiden. Man ließ uns die Wahl: Wir konnten Monty entweder einschläfern lassen oder ihn mit nach Hause nehmen und dort rund um die Uhr versorgen, um zu sehen, ob er sich wieder erholen würde. Der Tierarzt gab zu bedenken, dass wir uns eventuell auf wochenlange Pflege einstellen mussten. Da Monty nicht stehen konnte, würden wir ihn mit einem Handtuch zur Hundetoilette tragen und von Hand füttern müssen. Wir zögerten nicht eine Sekunde. Ich hatte Monty noch nie aufgegeben: nicht, als man ihn für unerziehbar gehalten hatte, und auch nicht, als wir ihn für einen neuen Assistenzhund hatten weggeben sollen. Wenn auch nur die geringste Chance bestand, dass er sich wieder erholte, würden wir ihn notfalls auch jahrelang pflegen.

Mit allem Nötigen ausgestattet, nahmen wir Monty mit nach Hause. Bei unseren beiden Hunden waren die Rollen plötzlich vertauscht: Jetzt legte sich Teddy vorsichtig neben Monty, um ihn warm zu halten. Wenn er ahnte, dass sein Kumpel zur Hundetoilette musste, lief er los und holte Montys Tragehandtuch. Wir schliefen nicht mehr mit einem, sondern mit zwei Hunden zwischen uns im Bett.

Nachts trug Peter Monty hinaus in den Garten, während ich Teddy Gesellschaft leistete. Wir kämmten Monty stundenlang mit einer weichen Bürste und drehten ihn ganz vorsichtig um, damit er sich nicht wund lag. Wenn ich mit Teddy Gassi ging, blieb Peter bei unserem kranken Senior. Wir ließen ihn nie allein, und wenn wir vom Spaziergang zurückkehrten, holte Teddy ein Spielzeug für Monty und legte sich neben ihn.

Die Tage verstrichen, und wir fuhren immer mal wieder zum Tierarzt, um sicherzugehen, dass Monty auch keine Schmerzen hatte. So langsam spielte sich eine Routine ein, und Teddy wachte über Monty, wenn wir uns um Hausarbeit und Essen kümmerten. Der Tierarzt hatte uns gesagt, dass Liebe die beste Medizin war, und viele Hunde wieder gesund wurden, wenn sie wussten, dass ihre Herrchen für sie da waren und sie brauchten. Tja, diese Medizin konnten wir wirklich reichlich verabreichen!

Eines Tages waren Peter und ich in der Küche, als auf einmal Teddy bellend hereingestürmt kam. Wir befürchteten schon das Schlimmste und rannten entsetzt ins Wohnzimmer. War etwa alles vorbei?

Ganz im Gegenteil, Monty stand dort auf seinen eigenen vier Pfoten, grinste uns an und ließ den Schwanz hin und her sausen, anscheinend ganz der Alte. Er sah fabelhaft aus.

Aufgeregt wedelten beide Hunde, und der Tierarzt bestätigte bald, dass sich unsere Geduld tatsächlich ausgezahlt hatte. Monty war völlig wiederhergestellt und konnte ein ganz normales Leben führen. Wir waren unglaublich erleichtert. Allerdings fiel es Teddy schwer, seine Rolle als Dr. Ted aufzugeben, und er brachte uns weiterhin jedes Mal das Tragetuch, wenn Monty mal hinausmusste. Bis heute ist er begeistert von Handtüchern und zieht sie sogar einem Spielzeug vor, wenn man ihm die Wahl lässt. Ich glaube, sie erinnern ihn einfach an den besten Freund, den er je hatte.

Wir brachten Monty jetzt noch öfter zu Margaret, zu der er eine enge Verbindung aufgebaut hatte. Ich hätte ihr mein Leben anvertraut, also hatte ich überhaupt keine Bedenken, ihr Monty zu überlassen.

Nachdem wir ihn beinahe verloren hätten, waren wir dankbarer denn je, dass Teddy bald seinen Job übernehmen würde. Es war also doch der richtige Zeitpunkt gewesen.

Nach Montys Schlaganfall wurden die beiden noch engere Freunde. So etwas Wundervolles hatte ich zwischen Hunden noch nicht gesehen. Man hört ja oft von Freundschaften zwischen Hunden, so eine tiefe Verbundenheit wie zwischen Teddy und Monty habe ich aber sonst nie wieder gesehen.

Dabei war der eine wie ein Spiegelbild des anderen. Wenn Peter mit Teddy einen Spaziergang machte, rannte dieser los und raste wie wild durch die Gegend. Aber wenn wir mit den beiden zusammen hinausgingen, blieb Teddy bei Monty und passte sich dessen Tempo an, was für so einen jungen Hund unglaublich schwer sein musste.

Und je länger sich die beiden kannten, desto mehr bewunderte Monty Teddy. Ich glaube, am Anfang sah er in ihm nur einen Welpen, auf den man gut achtgeben musste, aber irgendwann begann er, ihn auch zu respektieren.

Monty wachte über Teddy und ließ ihn nie aus den Augen, während der Kleine nicht von seiner Seite wich.

Sie standen einander so nahe, dass man kaum dazwischen kam. Monty und Penny hatten oft zusammen Unfug ausgeheckt, aber dafür war Monty mittlerweile viel zu alt. Mit Teddy spielte er stattdessen. Monty schnappte sich zum Beispiel ein Spielzeug und biss hinein, sodass es quietschte. Augenblicklich richtete Teddy sich auf. *Moment mal, das gehört doch mir!* Dann packte er das andere Ende, sie begannen zu ziehen und drehten so eine Runde durch den ganzen Raum. Sie hatten wirklich viel Spaß zusammen.

Eines Tages schneite es, und ich musste mich allein um die Hunde kümmern, weil Peter die Grippe hatte. Ich ging mit ihnen hinaus auf ein Feld ganz in der Nähe. Da ich nur ein einziges Spielzeug mitgenommen hatte, erklärte ich ihnen, dass sie es sich eben teilen mussten. Monty nahm das Spielzeug, und ich schaute den beiden hinterher, als sie durch den Schnee davonliefen.

Als sie zu mir zurückkehrten, bemerkte ich, dass sie das Spielzeug zusammen trugen und jeder von ihnen ein Ende im Maul hatte.

Wie Zirkusponys kamen sie so Seite an Seite auf mich zugetrabt. Es sah umwerfend aus, doch leider haben sie das später nie wieder gemacht. Ich hatte zu gerne gewusst, was ihnen in diesem Moment wohl durch den Kopf ging.

Kapitel 19

Die Welt da draußen

Als die Welpen älter wurden, bereitete das Training sie auf Tätigkeiten außerhalb des Hauses vor. Dabei gehörte korrektes Verhalten im Supermarkt zu den ersten Lektionen, und ich freute mich schon auf den Tag, an dem Teddy mir beim Einkaufen helfen konnte. Im Moment kam Monty meistens mit, um mich auszubalancieren und dafür zu sorgen, dass mich niemand über den Haufen lief oder mir mit dem Einkaufswagen in die Füße fuhr. Aber ich holte die Artikel selbst und bezahlte auch an der Kasse. Assistenzhunde von *Canine Partners* lernten allerdings, Dinge aus dem Regal zu holen und sie in den Einkaufskorb zu legen. Sie gaben sogar den Verkäufern das Portemonnaie.

An der Kasse war manchmal offensichtlich, dass die Kassierer meine Haut nicht berühren wollten. Also ließen sie das Wechselgeld aus einer gewissen Höhe fallen oder legten es einfach hin, was für mich noch schlimmer war, weil ich es nicht aufheben konnte. Deshalb war ich schon oft einfach gegangen und habe es ignoriert, wenn man mir hinterherrief: »Hey, Sie haben Ihr Wechselgeld vergessen!« Ich konnte es kaum erwarten, Hilfe von Teddy zu bekommen.

Im *Forest Inn* schob Sarah ein paar Tische als improvisierte Kasse zusammen, und dann spielten wir abwechselnd die Verkäuferin.

Im Supermarkt mussten sich die Hunde in einer geraden Linie voranbewegen, damit sie nicht den Einkaufswagen ins Gehege kamen – deshalb stellten wir Stühle eng zusammen und zeigten ihnen, wie sie dazwischen herlaufen konnten. Die Welpen sollten die Ware aufheben, sie in einen Korb legen und zur »Kasse« bringen. Wir mussten ihnen auch das Rückwärtsgehen beibringen, was für Hunde schwierig, hier aber nötig war. Sie sollten im Laden nämlich vor ihrem Besitzer hergehen, weil sie hinter ihm vielleicht von anderen Kunden abgelenkt oder von einem Einkaufswagen gerammt werden konnten. An der Kasse mussten sie dann jedoch ein Stück rückwärtslaufen, um dem Verkäufer den Geldbeutel zu reichen.

Nachdem wir all das im *Forest Inn* trainiert hatten, war es an der Zeit, es in einem echten Supermarkt auszuprobieren, dem *Tesco* in Newton Abbott.

Als Erstes ging es darum, dass Teddy etwas für mich aus dem Regal holen und mir geben sollte. Wir suchten uns einen ruhigen Gang, und Sarah schlug vor, dass wir mit etwas Einfachem anfingen: Abschminkpads waren schön weich und lagen außerdem im Regal ganz unten.

Wir baten Teddy, Sitz zu machen, und ich behielt ihn genau im Auge. Als ich sicher war, dass er in die richtige Richtung guckte, fragte ich: »Kannst du das für mich holen?« Er bewegte sich darauf zu. »Genau, so ist es richtig – kannst du mir die bitte geben?« Er packte die Pads mit der Schnauze und reichte sie mir – wir waren so begeistert, weil er es beim ersten Mal gleich richtig gemacht hatte, dass wir klatschend in Jubel ausbrachen.

Oh, das hat dir also gefallen? Tja, das war doch einfach! Wie viele hättest du davon denn gerne? Teddy begann, Paket um Paket aus dem Regal zu holen, und war nicht mehr zu stoppen – wir begannen zu lachen, während sich langsam eine kleine Menschenmenge um uns herum ansammelte. Teddy freute sich über die Aufmerksamkeit nur und machte immer weiter. Wir mussten die ganzen Abschminkpads kaufen, schließlich hatte er die Packungen im Maul gehabt – es hat ewig gedauert, bis ich sie alle verbraucht hatte. Tja, Teddy war eben so begeisterungsfähig und schwungvoll wie eh und je.

Als er ein halbes Jahr alt war, fragte ich *Canine Partners*, ob ich mich mit ihm bei einer Hundeschule in der Gegend anmelden konnte, weil ich mir für ihn mehr Gesellschaft wünschte. Wenn er mich bei jedem Ausflug begleitete, würde er mit allen Artgenossen auskommen müssen.

Die Organisation war einverstanden, und bei *Puppy Gurus* in Barnstaple erklärte man sich bereit, uns am Unterricht mit Tracey Berridge teilnehmen zu lassen. Ich würde mich dort um Teddy kümmern, während Tracey mit ihren Schülern trainierte. Tracey arbeitete mit Klicker und Belohnungen, genau wie *Canine Partners*, daher wusste ich, dass wir pädagogisch auf einer Wellenlänge lagen.

Die anderen Welpen waren fabelhaft, und ihre Besitzer gaben ihr Bestes, damit ihre Vierbeiner den Abschlusstest

bestanden. Wir hatten einen Riesenspaß, und Teddy ver-
liebte sich in einen wunderschönen kleinen Welpen, mit
dem er jede Woche spielte.

Dabei sahen wir Menschen ihnen gerne zu, bis mir und
dem Herrchen des anderen Hundes eines Tages jedoch
klar wurde, dass unsere Tiere uns völlig vergessen hatten.

Tracey riet uns, uns ein paar Schritte zu entfernen, dann
würden unsere Hunde schon aufhören und uns folgen.
Das versuchten wir auch – aber es funktionierte nicht! Sie
schlug uns vor, nach draußen zu gehen, damit die Welpen uns irgendwann zu vermissen begannen. Auch damit
hatten wir allerdings kein Glück. Irgendwann wurden sie
dann einfach müde und kehrten wieder zu uns zurück,
ohne auch nur zu ahnen, was für ein Aufheben wir um sie
gemacht hatten.

Aber das lehrte mich etwas Wichtiges: Hunde leben
im Hier und Jetzt. Wenn sie auf etwas völlig konzentriert
sind, dann kann man auch mit noch so viel Rufen ihre
Aufmerksamkeit nicht erlangen. Irgendjemand hat es mal
»Abtauchen« genannt, wenn Hunde völlig abschalten und
nur noch Augen und Ohren für das haben, was sie gerade
tun. Das kann in Momenten äußerster Konzentration auf
ihre Pflichten natürlich hervorragend sein, ist aber nicht
so günstig, wenn sie im entscheidenden Augenblick auf
etwas anderes fixiert sind. Mir wurde klar, dass Teddy
exklusiv immer nur auf mich konzentriert sein musste, da
das lebenswichtig werden konnte. Deshalb ließ ich ihm
gar nicht erst die Gelegenheit, von irgendetwas anderem
vereinnahmt zu werden, selbst wenn ich ihn dafür alle

paar Minuten mit Leckerlis locken musste. Bald würde ich ihn an Orte mit tausend faszinierenden Dingen mitnehmen, die ihn interessieren könnten – daher musste ich lernen, ihn bei der Stange zu halten.

Um ihn auf die Welt da draußen vorzubereiten, brachten wir ihm auch bei, sich nicht entführen zu lassen. Wir legten ihm die Leine an und ließen ihn im Supermarkt Platz machen. Natürlich konnten weder Sarah noch ich so tun, als würden wir ihn stehlen, uns kannte er ja schon. Deshalb mussten wir einen Fremden um Hilfe bitten, und sprachen einen französischen Studenten an. Wir wiesen ihn an, ganz vorsichtig die Leine aufzuheben, während ich meinem Hund befahl, liegen zu bleiben. Gehorchte Teddy, gab es ein Klicken und eine Belohnung. Nach und nach spannte der junge Mann die Leine dann immer mehr und zog am Ende richtig daran. Ich sagte weiterhin »Liegen bleiben!« und belohnte Teddy. Von diesem Moment an rührte er sich nie wieder, wenn jemand nach seiner Leine griff. *Tut mir leid, aber Mummy sagt, ich darf nicht aufstehen.*

Selbst bei Peter bewegt er sich nicht vom Fleck. Er geht nur auf mein Kommando mit ihm mit.

Wenn ich allein unterwegs bin, ist eine der größten Hürden für mich der Schließmechanismus von öffentlichen Toiletten – für die sind meine Hände einfach nicht beweglich genug. Das klingt wie eine Kleinigkeit, macht aber sehr viel aus. Ich nehme überwiegend Flüssignahrung zu mir, daher sind häufige Toilettenpausen ein Muss.

Natürlich kann ich jemanden darum bitten, meine Tür zu bewachen, aber das macht das Leben um einiges kom-

plizierter. Wenn ich irgendwo bin, wo es keine Behinder-
tentoilette gibt, habe ich ein Problem, weil Peter ja nicht
mit zu den Damentoiletten kommen kann. Und wie oft
habe ich schon eine Freundin gebeten aufzupassen, die
es dann aber vergessen und am anderen Ende des Raums
Make-up aufgelegt hat, sodass doch wieder jemand die
Tür zu meiner Toilette aufgemacht hat!

Dass jeden Moment jemand hereinkommen könnte,
macht mich natürlich nervös. Wenn Monty mit dabei war,
stellte er sich draußen vor die Tür und blockierte sie. Auf
diese Art und Weise musste ich niemanden um Hilfe bitten und konnte allein aus dem Haus.

Mit Teddy ging ich noch einen Schritt weiter und brachte
ihm bei, sich von innen gegen die Tür zu legen. Er wurde
langsam größer, und so konnte er mit seiner Körpermasse
verhindern, dass jemand hereinkam. Das gab mir viel Freiheit. Er wäre selbst dann noch sein Gewicht in Gold wert
gewesen, wenn er einzig das für mich getan hätte.

Monty half mir oft beim Training mit Teddy. Er erledigte
immer noch viel für mich im Haus, so konnte sein Nach-
folger ihm zusehen und ihn imitieren. Eines Tages brachte
ich Ted bei, mir die Schlüssel zu bringen, aber er ließ sie
immer kurz vor meiner Hand wieder los. Später erfuhr ich
von Sarah, dass es mein Fehler gewesen war, weil ich danach gegriffen hatte – sobald man nach etwas griff, ließ
ein Hund es fallen. Ich hätte darauf warten müssen, dass
er mir die Schlüssel in die Hand legte. Aber das wusste ich
in diesem Moment nicht, deswegen sagte ich nur immer

wieder: »Kannst du bitte die Schlüssel holen und mir geben, Teddy?«, aber er ließ sie wieder genau vor mir fallen. Als wir dieses Spielchen bereits ein Dutzend Mal gemacht hatten, stand Monty auf, kam herüber, holte die Schlüssel und legte sie mir in die Hand. Dann drehte er sich um und starrte Teddy an: *Meine Güte, so macht man das, kapiert?* Als er dann die Bahn frei machte, imitierte ihn Teddy sofort. *Ach so, jetzt versteh ich, was ihr meint!*

Die beiden waren wirklich ein gutes Team. In der Übergangszeit ließ ich Monty selbst entscheiden, wann er womit aufhörte. Wenn Peter mit Teddy allein loszog und ihn sich auf einem Spaziergang mal richtig auspowern ließ, ging ich in der Zwischenzeit mit Monty seine Aufgaben durch. Falls ich bei irgendetwas den Eindruck hatte, dass er es nur noch ungern erledigte, probierte ich es bei seiner Rückkehr mit Teddy. Und sobald Teddy etwas beherrschte, schien Monty auch glücklich und zufrieden damit zu sein, diese Aufgabe seinem Kumpel zu überlassen. Aber ich bat immer zuerst ihn. Eines Tages war die Waschmaschine durchgelaufen, und ich hatte eigentlich erwartet, dass Monty beim Geräusch der Türentriegelung aufspringen und damit anfangen würde, sie auszuräumen. Stattdessen setzte sich Monty hin und sah Teddy an: *Ich glaube, das übernimmst du jetzt besser.* Teddy stand auf, räumte die Maschine aus, und von da an machte Monty es nie wieder.

Teddy begleitete mich zum ersten Mal bei einem Notfall ins Krankenhaus. Ich war wirklich krank und musste dringend zu einem Spezialisten in London. Wenn wir mit Monty im St. Thomas' gewesen waren, sind wir nie auf direktem Weg von der U-Bahn zum Krankenhaus gelaufen. Stattdessen haben wir ihn immer zuerst auf einem kleinen Stück Wiese in der Nähe das Beinchen heben lassen und dann den langen Weg am Fluss entlang genommen.

Aber dieses Mal mussten wir so schnell wie möglich in die Klinik, deshalb wollte ich nach links abbiegen, als wir aus der U-Bahn kamen. Ted weigerte sich jedoch, weil er nach rechts wollte. »Komm schon, Teddy, wir haben es eilig«, drängelte ich. Irgendwann gab ich jedoch nach, weil er einfach nicht zu ziehen aufhörte. Ted ging nach rechts zum Rasenstück, zu dem wir immer mit Monty gegangen waren, am London Eye vorbei, und folgte dann genau der Route, die wir mit seinem Vorgänger immer genommen hatten.

Ich hatte keine Ahnung, wie er das gemacht hat. Woher wusste er das nur, er war doch noch nie zuvor in London gewesen! Vielleicht hatte ich ja insgeheim denselben Weg nehmen wollen wie immer und ihm das durch meine Körpersprache verraten, aber das glaubte ich nicht. Ich hatte ihn eindeutig gebeten, nach links abzubiegen. Das war schließlich ein Notfall, ich hatte keine Zeit zu verlieren. Bis heute kann ich mir die ganze Sache einfach nicht erklären. Peter schwört ja, dass Monty ihm eine Karte mitgegeben hatte.

Mit zehn Monaten hatte Teddy meine Versorgung so gut wie komplett von Monty übernommen, obwohl er seinen Abschluss offiziell noch nicht gemacht hatte. Als die beiden Welpen ein Jahr alt waren, machte Eno woanders mit seinem Training weiter, und unsere wöchentlichen Sitzungen im *Forest Inn* waren vorbei. Ich brachte Teddy in der Zwischenzeit allein neue Sachen bei, während Sarah uns regelmäßig besuchte, um sich die Fortschritte anzusehen und uns mit Ratschlägen zur Seite zu stehen.

Teddy war immer noch voller Tatendrang. Einmal versprach ich mich im Supermarkt und sagte an der Kasse »Teddy, hoch!« statt »Pfoten hoch!«. Mein Hund machte keine halben Sachen, also sprang er aufs Fließband, wedelte mit dem Schwanz und berührte mit der Schnauze fast die Nase der Kassiererin. Sie fand es zum Glück lustig. Bei anderer Gelegenheit ging ich kurz in den Laden, weil ich nur ein, zwei Sachen kaufen wollte, hatte dann aber doch bald beide Arme voll. Ich brauchte noch Brot, also bat ich Teddy, es zu holen und für mich zur Kasse zu bringen. Allerdings war in diesem Geschäft die Kasse höher als üblich, und er kam nicht hoch. Teddy war darauf trainiert, bei Problemen nach einer Alternative zu suchen. Deshalb setzte er sich jetzt hin, überlegte, holte dann mit dem Kopf aus und schleuderte das Brot in die Luft. Die Kassiererin streckte die Hand aus und fing es im Flug. Teddy saß einfach nur da, grinste und wirkte sehr zufrieden mit seiner Lösung. In diesem Laden war er danach noch lange als der »Brothund« bekannt.

Teddy und ich waren wirklich ein gutes Team, und ich begann, seine Hilfe immer mehr wertzuschätzen. Die Beziehung zwischen uns wurde mit jedem Tag enger. Aber die wichtigste Lektion stand noch aus: Teddy würde lernen, mir das Leben zu retten.

Kapitel 20

Ted, der Lebensretter

Mit meinem Hals wurde es nicht besser. Ich hatte immer noch Muskelkrämpfe, was bedeutete, dass sich meine Kehle ganz plötzlich schließen konnte, auch nachts. Deshalb schliefen Peter und ich weiterhin bloß zwei Stunden am Stück, sodass mein Mann mich im Schlaf überwachen konnte. Nach Jahren zehrte das ganz schön an uns, und wir waren beide erschöpft. Es machte auch den Alltag schwieriger und brachte es mit sich, dass wir eher selten ausgingen oder etwas mit Freunden unternahmen.

Als Teddy etwa zehn Monate alt war, zeigte er wieder einmal, wie unersetzlich er doch war. Peter und ich hatten einen langen Tag gehabt – wir waren mit den Hunden spazieren gegangen, hatten Einkäufe erledigt und aufgeräumt, mit Monty und Teddy gespielt, und dann hatte Peter noch im Garten gearbeitet. Wir waren beide fix und fertig. Ich konnte die Augen kaum noch aufhalten, wusste jedoch, wie müde Peter war. Deshalb sagte ich zu ihm: »Geh ruhig schlafen, ich wecke dich in zwei Stunden.«

Peter ist ein toller Mann. Er hat sich nie darüber beklagt, dass er meinetwegen nachts wach bleiben oder mir mit meinen Verbänden helfen muss.

Während er nun schlief, setzte ich mich neben ihn aufs Bett und versuchte, ein bisschen zu lesen. Ich merkte zwar, dass ich eindöste, aber ich wollte Peter auf keinen Fall wecken. Ich wusste schließlich, wie erledigt er war.

Deshalb beschloss ich, nur für ein paar Minuten die Augen zuzumachen. Nur für ein kurzes Nickerchen, einen Powernap, wie man ja heute auch sagt. Mein Hals fühlte sich gut an, und ich behielt eine aufrechte Position bei, um nicht tief einzuschlafen.

Aber als ich dann wieder aufwachte, konnte ich nicht atmen und rang erfolglos immer wieder nach Luft. Außerdem war ich zwischen die Kissen gerutscht und konnte mich nicht bewegen. Schlafstarre ist nicht ungewöhnlich, bei den meisten geht sie jedoch nach ein paar Sekunden vorbei. Bei mir kann sie mehrere Minuten anhalten – und die fühlen sich manchmal wie Stunden an.

Langsam geriet ich in Panik, weil Peter neben mir schnarchte und auch Teddy und Monty schliefen. *Das war es also*, dachte ich, *jetzt sterbe ich.*

Doch innerhalb von Sekunden fuhr Teddys Kopf plötzlich hoch. Der Golden Retriever starrte mich an und lief dann zu Peters Seite des Bettes hinüber. Dann zog er meinem Mann das Kissen unter dem Kopf weg und weckte ihn mit einem Bellen. Peter drehte mich schnell auf die Seite und half mir, wieder Luft zu bekommen.

Was für eine Erleichterung! Und ich konnte nicht fassen, dass Teddy mir gerade das Leben gerettet hatte.

Am nächsten Morgen sprachen wir darüber, wie fantastisch Ted reagiert hatte. Wir hatten keine Ahnung, woher er gewusst hatte, dass mir die Luft weggeblieben war. Das hatten wir schließlich nie mit ihm trainiert.

»Wahrscheinlich ist die Verbindung zwischen euch beiden inzwischen einfach so stark, dass er jede Veränderung mitbekommt«, überlegte Peter. »Er hat eben gemerkt, dass da irgendetwas nicht stimmte.«

Diese Nacht lehrte uns auf jeden Fall, dass unser altes System – bei dem einer wach blieb, während der andere schlief – einfach nicht sicher war, vor allem deshalb, weil meine Luftröhre immer öfter blockiert war.

Wir wollten uns in dieser Situation zwar nicht darauf verlassen, dass Teddy Peter jedes Mal wecken würde. Aber seine Anwesenheit beruhigte uns auf jeden Fall.

Als wir Canine Partners von Teddys Heldentat erzählten, schlug man uns vor, dass wir unserem Hund die Benutzung eines Notfalltelefons beibringen sollten. Wenn noch einmal so etwas passieren würde, könnte er dann einen Krankenwagen rufen, während Peter mir half.

Das System wurde bereits am nächsten Tag eingebaut. Während der Mann das Telefon an der Wand befestigte, lehrte ich Teddy, den Knopf zu drücken und damit in der Notfallzentrale Bescheid zu sagen. Wenn er es richtig machte, klickte ich und gab Ted eine Belohnung. Als das System dann installiert war, musste ich nur noch »Drück den Knopf« sagen, und er presste die Schnauze dagegen. Der Mann konnte kaum glauben, wie schnell unser Hund das gelernt hatte. Dann nahm ich Teddy mit hinaus in den

Garten und gab das Kommando, woraufhin er zurückraste und auf den Knopf drückte. Wir waren wirklich beeindruckt.

Nach dieser Trainingseinheit nahmen wir Teddy mit zum Strand, damit er sich ein bisschen entspannen und dort mit Freunden spielen konnte. Zu wissen, dass Teddy im Notfall da sein würde, machte mich schon viel ruhiger.

Wochen später war wieder ein anstrengender Tag. Eigentlich hätten wir zwischendurch mal ein Nickerchen machen sollen, aber ich schlafe sehr ungern tagsüber. Ich war wirklich erschöpft, deshalb sagte Peter, ich sollte mich ruhig als Erste hinlegen, da er nicht besonders müde war. Ein paar Stunden später schreckte ich jedoch aus dem Schlaf hoch und konnte nicht atmen. Peter war eingenickt, und auch Teddy schlief. Es war grauenhaft, ich bekam einfach keine Luft in die Lungen.

Doch dann sprang Teddy plötzlich aus seinem Körbchen, rannte zu Peter hinüber und schob ihm die Schnauze ins Gesicht. Peter rief: »Drück den Knopf!«, und Teddy rannte zum Notfalltelefon. Die Stimme aus der Zentrale informierte uns, dass der Krankenwagen bereits unterwegs war.

Meinem Mann gelang es, mich wieder zum Atmen zu bringen, sodass die bald eintreffenden Sanitäter nur noch meine Sauerstoffwerte überprüfen mussten. Begeistert hopste Teddy durch den Raum, während ihm jeder versicherte, was für ein schlauer Hund er doch war.

Wir beschlossen, noch einen Schritt weiter zu gehen, denn bei Atemstillstand kann jede Sekunde entscheidend sein. Daher sollte Teddy zuerst über den Knopf den Krankenwagen rufen und erst dann Peter wecken, sodass das Rettungsteam bereits unterwegs war, während mein Mann mir half.

Aber ich wusste nicht so recht, wie ich ihm antrainieren sollte, den Knopf ohne Kommando zu drücken.

Inzwischen war ich eigentlich schon fast davon überzeugt, dass wir uns vielleicht nachts komplett nur auf ihn verlassen konnten. Immerhin war er ja auch tagsüber ganz allein für mich verantwortlich.

Obwohl ich ihm das nie beigebracht hatte, erkannte Teddy instinktiv, dass bei Atemnot mein Leben in Gefahr war. Ich hatte keine Ahnung, woher er das wusste.

Tagsüber hatte er in so einer Situation bisher immer gebellt, um Peter zu verständigen. Deshalb fragte ich mich, ob er vielleicht tagsüber unschlüssig sein würde, wenn ich ihm beibrachte, den Knopf nachts eigenmächtig zu drücken. Aber wir entschieden, dass die nächtliche Gefahr einfach wichtiger war. Und mein Atem setzte tagsüber ohnehin nicht so oft aus.

Für die Unterrichtseinheit bereitete ich etwas Hähnchenfleisch vor und setzte mich dann mit dem Klicker auf einen Stuhl. Ich hielt den Atem an, aber so schnell ließ sich Teddy nicht täuschen.

Er starrte mich nur an. *Okay*, dachte ich, *er muss also sehen, dass ich echte Schwierigkeiten habe.*

Deshalb hielt ich den Atem immer weiter an, und

irgendwann bellte er dann tatsächlich. Ich klickte und gab ihm seine Belohnung. Dann probierte ich es noch einmal, und bevor er gerade bellen wollte, sagte ich: »Drück den Knopf.« Er rannte los, um das Notfallsystem zu aktivieren. Ich hatte die Leute in der Kontrollzentrale darüber informiert, dass wir heute üben würden. Deshalb würden sie zwar reagieren und mit Teddy sprechen, aber keinen Krankenwagen losschicken. Nach dem Training würde ich ihnen Bescheid sagen, dass wir fertig waren.

Teddy begriff bald, was ich wollte, und irgendwann musste ich ihm dann kein Kommando mehr geben. Sobald ich die Luft anhielt, raste er los, um Hilfe zu rufen. Für ihn war das alles natürlich ein tolles Spiel.

Und dieses Spiel zahlte sich bald aus. Ein paar Wochen später stockte mir nachts der Atem, Teddy rief den Krankenwagen und weckte dann Peter. Man kann sich wohl vorstellen, wie erleichtert wir waren!

Jetzt konnten Peter und ich endlich wieder normal schlafen, weil wir wussten, dass auf Teddy Verlass war. Er hielt mein Leben in seinen Pfoten.

Jahre zuvor war ich einmal angegriffen worden – jemand hatte mich an den Armen gepackt und damit die Haut an meinen Ellbogen ruiniert. Auch bei mir konnte sich die Epidermis zwar bis zu einem bestimmten Punkt wieder erholen, aber an Stellen, die so in Mitleidenschaft gezogen worden waren, war sie sogar noch anfälliger als am restlichen Körper.

Deshalb konnte ich ohne einen Verband am Ellbogen

inzwischen keine Jacke mehr tragen und mich auch nicht mehr im Bett umdrehen, und ich hatte dort auch oft Wunden. Eines Tages war Peter nicht da, und ich hatte beschlossen, die Verbände am Ellbogen abzunehmen, damit ein bisschen Luft an die Verletzungen kam.

Ohne die Bandagen achtete ich natürlich besonders darauf, nirgendwo anzustoßen, kam dann jedoch im Badezimmer an den Türgriff. Ich hatte mich genau an der Stelle gestoßen, an der die Haut fehlte, deshalb floss augenblicklich Blut.

Weil es unheimlich wehtat, konnte ich einen Schrei nicht unterdrücken. Dann hörte ich plötzlich Teddy bellen, und der Alarm des Notfalltelefons erklang.

Ich hatte zwar Schmerzen, einen Krankenwagen brauchte ich in dieser Situation aber nicht. Weil die Blutung so stark war, konnte ich allerdings auch nicht ins Schlafzimmer laufen. Als ich nun hörte, wie die Frau in der Zentrale mit Teddy sprach, rief ich zu ihr herüber, dass es sich um einen falschen Alarm handelte und mit mir alles in Ordnung war. Zum Glück konnte sie mich hören. Ich wickelte den Arm in ein Handtuch, und dann kam gottlob auch bald Peter nach Hause und half mir, den Ellbogen neu zu verbinden.

Ich rief die Frau in der Zentrale an, um ihr die Sache zu erklären. Offenbar hatte Teddy gebellt, um Peter zu verständigen. Als mein Mann aber nicht aufgetaucht war, hatte er beschlossen, die Sache selbst in die Pfote zu nehmen. Und da war ihm als einzige Lösung eben das Notfalltelefon eingefallen.

»Mir sind hundert Fehlalarme lieber, als dass wir den einen wichtigen Anruf verpassen, wenn Sie uns wirklich brauchen«, beruhigte mich die Frau. Dann fügte sie noch lachend hinzu: »Außerdem freuen wir uns immer, wenn wir mit Teddy reden können.«

Wir meldeten uns bei der Kreisverwaltung Devon und fragten an, ob Teddy für seine Dienste als mein Vollzeitpfleger vielleicht staatliche Unterstützung bekommen könnte. Dort hatte man ein offenes Ohr für uns. Wir schickten der Verwaltung eine Liste mit allem, was Teddy für mich tat und was er so brauchte. Man informierte uns, dass man sich die Sache mal ansehen und dann entscheiden würde, ob Teddy dafür qualifiziert war, als mein Pfleger vom Staat bezahlt zu werden.

Zwar hatte noch nie ein Hund direkt Geld von ihnen bekommen, aber da Teddy ja jetzt vierundzwanzig Stunden am Tag für mich da war, fand man das gar nicht abwegig.

Später ist mir dann auch klar geworden, dass Teddy viel weniger kostet als ein menschlicher Pfleger: Durch ihn spart die Regierung über sechsundfünfzigtausend Pfund im Jahr ein.

Wir listeten alles auf, wodurch Ted uns irgendwie Geld kostete: sein Futter, die Versicherung, Floh- und Wurmkuren und alles andere. Ehrlich gesagt waren wir erstaunt darüber, wie viel da zusammenkam, aber Teddy war jeden einzelnen Penny wert. Manchmal sagten Leute auf der Straße zu mir: »Das ist sicher ein teurer Hund«, womit sie durchaus recht hatten. Bei *Canine Partners* kalkulierte man, dass das Training eines einzelnen Hundes etwa zwanzigtausend Pfund kostete. Aber es war doch völlig unmöglich, Teddys Wert über Geld zu definieren. Für mich war er unbezahlbar!

Nach ein paar Wochen erreichte uns zu unserer großen Freude die Bestätigung, dass wir tatsächlich finanzielle Unterstützung bekommen würden. Natürlich war Teddys monatlicher Lohn eine große Hilfe, vor allem freuten wir uns aber über die offizielle Anerkennung seiner Arbeit. Wenn es nach mir ging, sollte die ganze Welt wissen, was für ein toller Hund er doch war.

Um sein Geld von unserem zu trennen, mussten wir ein Bankkonto für ihn eröffnen und bei der Kreisverwaltung alle drei Monate die Belege einreichen.

Wir legten eine Mappe für Rechnungen und Kassenbons an und vereinbarten einen Termin bei einer Frau von der Bank. Als ich ihr erklärte, dass wir ein Konto für unseren Hund eröffnen wollten, war sie natürlich baff.

Die Dame im Büro der Kreisverwaltung sagte dann später zu mir, dass sie sich so gerne einmal mit uns treffen würde, um zu sehen, was Teddy alles konnte. Ich lud sie zu einer Show in Exeter ein, bei der Teddy bald auftreten würde. Man wollte dort auf die Situation von Menschen mit Behinderung aufmerksam machen.

Teddy liebte Shows, weil er wie alle Golden Retriever einfach gern im Mittelpunkt steht. Er begeisterte die Massen damit, wie er eine Waschmaschine belud und ausräumte und mir dann beim Ausziehen half. Wir zeigten auch, wie er sein Spielzeug selbst aufräumte und heruntergefallene Gegenstände aufhob.

Teddy wedelte dabei die ganze Zeit mit dem Schwanz, und mich freuten die Kommentare aus dem Publikum darüber, wie glücklich er wirkte.

Nach Teds Auftritt war der Moment gekommen, sich mit der Dame von der Kreisverwaltung zu treffen. Peter hatte sich bereit erklärt, am Stand von *Canine Partners* Flyer zu verteilen sowie Kugelschreiber und Stofftiere zu verkaufen, deshalb ging ich mit Teddy allein hinüber zum Treffpunkt neben der Bühne.

Nachdem wir die Dame begrüßt hatten, saß Ted ganz ruhig da, während wir uns unterhielten. Ich erklärte, was für eine wichtige Rolle der Hund in meinen Leben spielte und wie viel sich durch ihn auch für Peter verändert hatte. Mein Ehemann war jetzt ein völlig neuer Mensch, er hatte viel mehr Energie, war entspannter und machte sich nicht mehr so viele Sorgen um mich. Dann schilderte ich, wie sich Teddy um mich kümmerte, wenn ich draußen unterwegs war. Er zog mir die Jacke aus, bewachte mich auf öffentlichen Toiletten und hob alles auf, was mir herunterfiel. Er konnte verschlossene Türen öffnen und Hilfe rufen, wenn ich sie brauchte. Dann fügte ich noch hinzu, dass er mich wie früher auch Monty zurück nach Hause bringen konnte, wenn ich wegen eines Migräneanfalls nichts mehr sehen konnte.

Die Frau war wirklich beeindruckt, und ich hoffte, damit anderen Hundebesitzern dafür den Weg geebnet zu haben, dass auch ihre Vierbeiner Lohn bekamen.

Dann sprach ich noch über Teddys wichtigste Aufgabe: wie er nachts den Notfallknopf drückte und Peter weckte.

Zu diesem Zeitpunkt wusste ich immer noch nicht, was Teddy eigentlich machen würde, wenn mir tagsüber der Atem wegblieb und wir uns nicht in der Nähe des Notfallsystems befanden. Während meine Gesprächspartnerin sich Notizen machte, begann ich deshalb, die Luft anzuhalten. Teddy reagierte zunächst nicht, aber ich vertraute ihm, daher machte ich immer weiter. Irgendwann befürchtete ich schon, ich würde gleich in Ohnmacht fallen, da schoss Teddys Kopf plötzlich hoch. Mein Hund starrte von mir zu der Frau, die immer noch schrieb, und wieder zurück. Dann stieß er ein lautes Bellen aus. Ich schnappte nach Luft. Teddy dachte jedoch, dass ich weiterhin in Gefahr war, also bellte er noch einmal. Ich erklärte der Frau, was ich hier gerade ausprobiert hatte, und sie war begeistert. Für mich war es wichtig, dass sie genau verstand, wie gut Teddy auf mich achtgab und wie bedeutend er darum für mich war. Und ich war auch erleichtert, weil Teddy begriffen hatte, dass er ohne den Notfallknopf bellen musste, um jemanden zu verständigen.

Da hörte ich plötzlich Peter hinter mir: »Teddy, Teddy, alles in Ordnung. Ich bin ja hier. Jetzt bin ich hier, Teddy. Guter Junge.«

Kreidebleich kam mein Mann auf mich zugerannt. Beim ersten Bellen hatte er schon jemanden gebeten, den Stand im Auge zu behalten. Beim zweiten Bellen war er dann fest davon überzeugt gewesen, dass es sich um einen Notfall handelte, war auf dem Weg zu mir über Absperrungen gesprungen und einmal quer über die Bühne gerannt.

Entsetzt starrte ich ihn an. Ich hatte ja keine Ahnung gehabt, dass er vom Stand aus Teddy hatte hören können.

»Oh, Peter, das tut mir ja so leid«, stammelte ich. »Es ist alles in Ordnung, ich hab nur gerade dieser Dame gezeigt, was Teddy alles kann. Ich hätte nicht gedacht, dass du es mitbekommen würdest.«

Ich fand es furchtbar, ihn so aufgeschreckt zu haben. Die Situation zeigte mir aber auch, wie sicher ich in der Begleitung meiner beiden wunderbaren, liebevollen Männer war.

Und die Dame von der Kreisverwaltung hatte jetzt mit eigenen Augen gesehen, dass meine beiden Pfleger ihr Geld auf jeden Fall wert waren.

Kapitel 21

Das Leben mit Teddy

Teddy war immer noch quirlig wie eh und je. Aber inzwischen mochten wir ja genau das an ihm, seinen ewigen Enthusiasmus. Er arbeitete einfach unglaublich gern – meistens brauchten wir ihn um die Dinge gar nicht zu bitten, weil er bereits losgelegt hatte. Sobald er die Tür der Waschmaschine klicken hörte, rannte er auch schon darauf zu und drängte Peter aus dem Weg, wenn dieser sie ausräumen wollte.

Wenn mein Mann meine Verbände wechselte, saß Teddy daneben und sah ihm aufmerksam zu. *Ich weiß, dass das deine Aufgabe ist, aber ich behalte dich dabei trotzdem lieber im Auge.* Und es kam für ihn überhaupt nicht infrage, eine seiner Pflichten an Peter abzutreten. Stattdessen schob er meinen Mann einfach beiseite. *Moment mal, das ist doch mein Job!*

Eine von Teddys wichtigsten Aufgaben besteht darin, mir mit meiner Kleidung zu helfen. Ich habe nicht genug Kraft, um mir ein T-Shirt in einer einzigen Bewegung über den Kopf zu ziehen, und beim Abstreifen wird oft die Haut beschädigt. Teddy ist einfach brillant – ich muss bloß hinten an mein T-Shirt fassen, und er zieht es mir in einem Rutsch aus. Dabei berührt es meine Arme nicht einmal.

Aber ich habe auch einige weite Tops, die ich problemlos allein abstreifen kann. Einmal hatte ich eins davon an und hatte gerade nach dem Saum gegriffen, da spürte ich, dass Ted ziemlich hartnäckig mit der Schnauze meinen Arm berührte. *Hallo! Hey! Das ist meine Aufgabe!* Es war ein Top aus besonders edlem Material, und ich war mir nicht so sicher, ob ich das gern in Teddys Maul sehen wollte. Am Ende gab ich aber nach.

Die Leute finden es immer unglaublich, dass Teddy sanft genug ist, um mir beim Ausziehen zu helfen. Zum Teil hat das natürlich mit der Rasse zu tun – Golden Retriever werden dafür gezüchtet, dass sie Dinge ganz vorsichtig im Maul halten. Aber es liegt auch daran, dass Teddy bei mir aufgewachsen ist. Als er noch ganz klein war, hat er mich manchmal aus Versehen mit den Zähnen oder Krallen gekratzt. Das war ja auch verständlich, schließlich war er nichts anderes als ein Welpe und kam nicht perfekt auf mich abgestimmt zu mir. Aber wenn er mich erwischte, sagte ich jedes Mal deutlich »Au!«, worauf er sofort reagierte: *Oh, das tut mir so leid, ich wollte dir nicht wehtun.* Und beim nächsten Mal war er dann vorsichtiger.

Er hat immer so hart für mich gearbeitet, manchmal war er fast zu gut. Beim Training wird den Hunden beigebracht, dass manche Kommandos nicht verhandelbar sind. Eins davon ist »Stopp!«. Wenn ich mich zum Aufstehen an Teddys Brustgeschirr festhalte, dann muss er im richtigen Moment zu ziehen aufhören. Ein anderes ist »Bleib!«. Das heißt, er muss an dieser Stelle verweilen und darf sich da unter keinen Umständen wegbewegen. Einmal machte ich mit einer Freundin einen Strandspaziergang und bemerkte irgendwann, dass Teddy gar nicht mehr in der Nähe war. Als ich mich umdrehte, entdeckte ich ihn gut hundert Meter hinter mir.

Ich hatte irgendwann »Bleib« gesagt, weil ein anderer Hund am Strand mir Sorgen gemacht hatte und ich Teddy davon abhalten wollte, zu ihm zu laufen.

Allerdings hatte ich dann vergessen, ihn da später wieder wegzurufen, und der arme Teddy wartete immer noch an derselben Stelle auf das nächste Kommando.

Ein andermal bemerkte ich, dass er mir mit seltsamem Gesichtsausdruck durchs Haus folgte. »Was machst du denn nur, Ted?«, fragte ich. Er blieb mir weiterhin dicht auf den Fersen. *Mummy, Mummy!* Irgendwann fiel mir auf, dass er sabberte. »Hast du irgendwas im Maul?«

Da ließ er mir ein durchweichtes Papiertaschentuch in die Hand fallen. *Bitte sehr, Mummy!* Das musste mir wohl irgendwann heruntergefallen sein, und er hatte es mir die ganze Zeit hinterhergetragen, um es mir irgendwann zurückzugeben.

Niemand darf in Teddys Gegenwart ungestraft etwas wegwerfen – das hebt er sofort auf und gibt es dem Besitzer zurück. Im Supermarkt fiel einmal einem Kunden eine Packung Plätzchen mit Marmeladenfüllung herunter, und mein Hund machte sich sofort auf den Weg, um sie für ihn aufzuheben. »Nein, Ted!«, musste ich ihm hinterherrufen. »Rühr das nicht an! Nicht das Essen anderer

Leute!« Es wollte wohl niemand gerne Kekse aus einer Packung essen, die ein Hund im Maul gehabt hatte. Als mir dann das nächste Mal etwas herunterfiel, sah er mich nur an, als wollte er sagen: *Soll ich das jetzt aufheben, oder machst du das selbst?*

Eines Tages war ich mit einer Freundin draußen unterwegs, und wir nahmen zusammen den Bus zurück nach Hause. Die Route war wirklich schön und führte am Strand entlang, den Teddy einfach liebt. Es ist sein absoluter Lieblingsort. Für ihn ist ein Besuch dort ein großes Abenteuer, er springt in die Wellen und wälzt sich im Sand. Nass verfärbt sich sein Fell zu einem tollen dunklen Gold. Am Meer tollt und spielt er gern mit anderen Hunden, kommt aber regelmäßig zu mir zurück, um nach dem Rechten zu sehen.

An diesem Tag hielt der Bus an der Strandhaltestelle, und ich plauderte weiter mit meiner Freundin. Nach einer Weile bemerkten wir aber, dass das Fahrzeug immer noch stand und mit einem Mal alle anderen verstummt waren. Plötzlich hatte ich das Gefühl, dass uns jeder anstarrte.

»Hören Sie mal, wollen Sie jetzt aussteigen oder nicht?«, rief der Fahrer.

»Nein«, antwortete ich, »das ist nicht unsere Haltestelle.«

»Na, die von Ihrem Hund aber wohl schon. Der hat nämlich gerade den Knopf gedrückt.«

»Oh, Ted!«, rief ich. Dann entschuldigte ich mich beim Fahrer, der wirklich sauer war, und der Bus setzte sich wieder in Bewegung.

»Teddy, du kleiner Frechdachs! Wir fahren doch gar nicht zum Strand, sondern nach Hause!«

Grinsend schaute er zu mir hoch.

Wir gingen jetzt auch tatsächlich nach Hause, weil ich nun wirklich nicht wollte, dass er damit durchkam. Es durfte einfach nicht sein, dass er jedes Mal den Bus anhielt, wenn er spielen wollte. Aber nachdem wir zu Hause angekommen waren und all unsere Sachen weggepackt hatten, nahm ich ihn wieder mit nach draußen und zum Strand. Wenn er doch so gern da hinwollte …

Ted veränderte mein Leben in vielerlei Hinsicht. Ich hatte immer schon gerne gemalt – aus meiner Kindheit hatte ich wunderschöne Erinnerungen an den Vater einer Freundin, der Landschaften malte. Wie ein Bild langsam auf der Leinwand entstand, hatte für mich etwas Magisches, und ich hatte immer gewusst, dass ich das eines Tages auch einmal probieren würde.

Wie so vieles im Leben würde das für mich nicht einfach werden. Weil meine Kehle empfindlich auf Lacke und Terpentin reagierte, schied Ölmalerei leider aus. Ich probierte es mit Aquarellfarben, kam aber mit der Technik nicht klar. Dann entdeckte ich spezielle Farben, die wie Ölfarben benutzt, aber auf Wasserbasis hergestellt wurden. Perfekt!

Ich meldete mich für einen Kurs an, fühlte mich im Unterricht aber nicht wohl. Das war damals lange vor der Zeit, in der Monty mir zu helfen anfing, deshalb kam Peter als mein Pfleger mit. Das war lieb gemeint, lenkte jedoch die Aufmerksamkeit auf meine Behinderung.

Und deshalb wurde ich von den Kursteilnehmern nicht so behandelt wie der Rest. Ich erinnere mich besonders an eine Malstunde, während der ich in einer Ecke des Raumes saß, während alle anderen in der anderen über eine geplante Weihnachtsfeier redeten, zu der ich nicht eingeladen war.

Ich konnte es nicht ertragen, so behandelt zu werden, und war zum Malen viel zu gehemmt und unsicher. Und weil ich nie richtig entspannt war, konnte ich auch mein Herzblut nicht in die Bilder stecken. Ich glaube nämlich, dass man bei jedem Bild auch ein Stück von sich selbst geben muss, sonst wirkt es tot. Damit es auch andere Menschen anspricht, muss etwas von einem selbst darin erkennbar sein.

Wegen all dieser Probleme fehlte ich mehr und mehr im Unterricht und gab die ganze Idee mit der Malerei irgendwann auf. Zusammen mit den Farben und Blöcken schloss ich auch meine Hoffnung weg, einst Bilder erschaffen zu können, mit denen ich wirklich zufrieden war.

Aber durch Teddy standen die Dinge jetzt ganz anders, er hatte mir zu so viel neuem Selbstbewusstsein verholfen. Die Leute behandelten mich nicht mehr so wie früher, wenn ich unterwegs war. Statt auf mich und meine Behinderung zu achten, sahen sie nur noch Teddy. Ich hätte splitterfasernackt sein können, und es wäre ihnen vermutlich nicht einmal aufgefallen. Deshalb nannte ich Teddy auch meinen Tarnmantel.

Ich beschloss, es noch einmal mit einem Malkurs zu

versuchen, und erklärte Peter, dass ich ihn dabei nicht brauchen würde.

»Was denn, willst du da etwa ganz allein hin?«

»Na ja, allein werd ich ja nicht sein. Ich hab doch Teddy!«

Nachdem der Kurs dann gebucht war, wurde ich aber langsam doch aufgeregt, und am ersten Tag kam ich mir wie ein kleines Mädchen in einer neuen Schule vor. Ich machte meine Tasche fertig, holte dann alles wieder hervor und packte sie noch einmal. Für Teddy hatte ich so viel Wasser zum Trinken eingepackt, dass er darin auch gut hätte baden können. Peter lachte mich nur aus. »Also, weißt du, die haben da auch Wasser!« Ich wollte doch bloß sichergehen, dass Teddy und ich auch alles Nötige hatten.

Als ich ins Klassenzimmer schlich, waren die anderen schon da, holten ihr Material hervor und kochten Kaffee. Peter kam mit hinein, baute für Teddy das Körbchen unter meinem Tisch auf und stellte ihm Wasser hin, während ich meine Bilder hervorholte. Als Peter den Raum verließ, wäre ich am liebsten aufgesprungen und mitgegangen.

Als wir uns dann der Reihe nach vorstellen sollten, nannte ich meinen Namen und präsentierte der Gruppe auch Teddy. Ich erklärte, dass er mir bei allen möglichen Dingen half, für mich zum Beispiel Türen aufmachte und mir aus dem Mantel half, und blickte in leuchtende Gesichter. Ein Hund, der einem die Jacke ausziehen konnte! Und dann wurde ich mit Fragen bombardiert.

Ich hatte überhaupt kein Problem damit, sie alle zu beantworten, und war dabei nicht einmal schüchtern. Über Ted redete ich wirklich gerne.

Dieser zweite Malkurs war eine ganz andere Erfahrung als der erste. Wenn mir der Pinsel hinfiel, hob Ted ihn für mich auf, und er holte für mich auch die Arbeitsblätter, die der Lehrer austeilte. Alle waren beeindruckt und freuten sich darüber, dass Teddy dabei war. In der Pause wollte sich jeder mit ihm beschäftigen.

Ich war so glücklich und hatte endlich das Gefühl, dass ich mitten im Leben stand. So machte mir das Malen wieder Spaß, und ich war so stolz auf Ted. Der Morgen verging wie im Flug, und auf dem Rückweg belohnten Peter und ich unseren Vierbeiner dann mit einem Ausflug zum Meer.

Teddy war einfach unglaublich gewesen, was für ein wunderbarer Hund! Als ich ihm dabei zusah, wie er mit seinen Freunden über den Strand tollte, hatte ich das Gefühl, dass sich hier vor meinen Augen mein ganzes Leben veränderte. Und unser gemeinsames Abenteuer ging ja gerade erst los.

Kapitel 22

Die Abschlussfeier

Obwohl Teddy ja inzwischen fast alles für mich tat, war er offiziell noch kein Assistenzhund von *Canine Partners*. Er trug draußen immer noch seine Trainingsweste, und Sarah kam regelmäßig bei uns vorbei, um seine Fortschritte zu überprüfen. Alle erfolgreichen Anwärter von *Canine Partners* machten ihren Abschluss nach zwei Jahren, und wir wollten die Dinge hier ja nach Vorschrift erledigen.

An Teddys Leistungen zweifelte ich überhaupt nicht. Sarah wusste ja auch, was er konnte – sie war beim Training mit dabei gewesen und hatte bei ihren Kontrollbesuchen gewisse Abläufe zigmal mit meinem Hund wiederholt. Wir hatten seine täglichen Aufgaben geprobt, waren mit ihm einkaufen gegangen, hatte ihn Türen öffnen und schließen sowie die Waschmaschine ausräumen lassen. Dabei hatte Sarah ihn beobachtet und mir gute Ratschläge gegeben, wenn es etwas zu verbessern gab.

Selbst nach ihrem Abschluss wurden die Hunde von *Canine Partners* alles sechs Monate auf dieselbe Art überprüft. Damit stellte man sicher, dass sie glücklich und gesund waren und ihre Arbeit weiterhin perfekt erledigten. Die Trainer überlegten auch, ob es vielleicht neue Aufgaben gab, mit denen die Hunde ihrem Herrchen oder Frauchen noch besser helfen konnten.

Wenn es irgendwann so aussah, als hätte der Hund keine Lust mehr auf die Arbeit, dann ging er in Rente, egal wie alt er war. Wenn Teddy morgen beschließen würde, dass er nicht mehr für mich sorgen will, dann wäre die Sache damit erledigt – man würde ihn niemals dazu zwingen. Nicht, dass man es überhaupt könnte!

Da Sarah am Anfang ja Zweifel gehabt hatte, was Teddy anging, war sie von seiner Arbeit jetzt umso beeindruckter. »Wissen Sie was, ich glaube, Ihr Hund wird noch berühmter als Lassie!«, sagte sie mehr als einmal zu mir.

Obwohl Teddys Zeit als Welpe ein wenig anders verlaufen war als die der meisten Assistenzhunde, war es Andy Cook von *Canine Partners* doch wichtig, dass Teddy das System so wie alle anderen Tiere der Organisation durchlief, und da war ich ganz seiner Meinung.

Die Überprüfung von Teddys Benehmen in der Öffentlichkeit übernahm Becca, eine andere Trainerin von *Canine Partners*, die wirklich ganz zauberhaft war. Sie ging mit Teddy in Läden und Cafés, und er bestand natürlich mit Bravour.

Als Nächstes kam dann ein zweiwöchiger Kurs, den alle Hundebesitzer mit ihren zukünftigen vierbeinigen Helfern machen mussten, um sich auf das Leben mit dem Hund vorzubereiten. Es war fantastisch.

Was könnte perfekter sein als ein Urlaub an einem Ort, der extra für Menschen mit Behinderung entworfen wurde? In den Unterkünften war alles höhenverstellbar: Waschbecken, Betten, Arbeits- und Kochplatten. Rollstuhlbesitzer konnten den Raum also genau an ihre Bedürfnisse anpassen.

Es war beinahe überwältigend, was ich bei dem Kurs alles lernte. Wie ein Schwamm versuchte ich, so viele Informationen wie möglich aufzunehmen und das meiste aus meiner Zeit dort herauszuholen. Deshalb war ich fix und fertig, als ich wieder nach Hause kam! Es ging um Erste Hilfe, Gesundheitsvorsorge, Fellpflege, Füttern, um das erwünschte Benehmen des Hundes in der Öffentlichkeit und darum, wann und wie oft unsere Tiere Auslauf haben sollten. Wie bekommt man einen Hund in einen Aufzug, wie soll er am besten ins Auto einsteigen – wir besprachen lauter Fragen, die einem nie in den Sinn kamen, aber natürlich wichtig waren.

Man schulte uns auch darin, die Körpersprache unseres Tieres besser zu verstehen. Man brachte einen Hund ins Zimmer und stellte uns Fragen zu ihm: Was mag dieser Hund? Was gefällt ihm nicht? Wer ist ihm sympathisch? Will er gerade irgendetwas?

Und man erwartete von uns, dass wir mit unserer Einschätzung genau richtiglagen. Man musste auch zeigen, wie man mit seinem eigenen Hund zusammenarbeitete, und beweisen, dass er alles Nötige beherrschte. Ich wollte *Canine Partners* so gern beweisen, dass Teddy sich nicht nur an Prüfungstagen von seiner besten Seite zeigte, sondern er tagein, tagaus hart arbeitete. Irgendwann wurde ich aber doch unruhig, als mir plötzlich etwas klar wurde:

dass ich nämlich für Teddys Verhalten ganz allein verantwortlich war. Ich konnte nichts auf seine Welpeneltern schieben – weil ich ja selbst die Welpenmutter war!

Während einer Kurseinheit wurden die Hunde von ihren Herrchen und Frauchen getrennt, und die Trainer gingen allein alle Befehle mit ihnen durch. Becca nahm Teddy in ein anderes Zimmer mit, kam aber nach kürzester Zeit wieder zurück. »Der macht ja gar nichts!«, rief sie aus. »Er befolgt nicht ein einziges Kommando!«

»Oh«, sagte ich. »Darf ich vielleicht mal?«

Alle anderen Assistenzhunde nehmen während ihrer Ausbildung Befehle von ihren Welpeneltern, dann den Trainern und schließlich den Besitzern entgegen, Teddy hatte jedoch immer nur auf mich gehört. Als ich ins Zimmer kam und ihn bat, für Becca dieses oder jenes zu machen, tat er mir diesen Gefallen gern: *Aber natürlich, Mummy, immer doch! Möchtest du sonst noch etwas?*

Und so ist es bis heute: Für andere Leute macht er keine Pfote krumm. Und ich unterstütze das auch noch, indem ich ihn ablenke oder ihm einen anderen Auftrag erteile, sobald irgendjemand ihn zu etwas auffordert. Sonst ist das einfach zu verwirrend für ihn. Irgendwann hat ein anderer Hundebesitzer ihn mal am Strand herumzukommandieren versucht und schnell aufgegeben. »Wieso tut dieser Hund eigentlich nur, was Sie ihm sagen?«, fragte er.

»Ach, ich weiß auch nicht«, behauptete ich. Innerlich dachte ich jedoch: *Gut gemacht, Ted!*

Teddy und ich absolvierten den zweiwöchigen Kurs ohne Probleme und waren damit zur Abschlusszeremonie zugelassen. Die Veranstaltung sollte in der *Canine-Partners*-Zentrale in Midhurst, West Sussex, für Teddy und fünf oder sechs andere Hunde stattfinden. Da Monty und ich nie eine offizielle Abschlussfeier gehabt hatten, war ich ganz besonders stolz. Obwohl man es mir mehrmals angeboten hatte, hatte ich damals mit Monty nie teilgenommen, weil immer wieder eine Verschlechterung meines Gesundheitszustands oder ein Krankenhausaufenthalt dazwischengekommen war. Und vermutlich hätte mir sowieso meine Schüchternheit im Weg gestanden. Selbst mit Monty an meiner Seite war ich immer noch sehr introvertiert gewesen, das Training mit Teddy hatte mir jedoch viel Selbstbewusstsein geschenkt. Ich hatte das Gefühl, dass ich mir durch ihn eine ganz neue Position im Leben erkämpft hatte. Er hatte mich bereits so sehr verändert.

Während Teddys Praxistest außerhalb des Hauses mit Becca hatte ich mich mit einem älteren Herrn unterhalten. Er war allein und sah irgendwie so aus, als hätte er gerade von allem die Nase voll. Deshalb fragte ich mich, ob er vielleicht ein bisschen Aufmunterung gebrauchen könnte. Ich ging zu ihm hinüber und sagte: »Ein schöner Tag heute, was?« Er erkundigte sich danach, was wir mit Teddy gerade machten, und ich erklärte ihm alles.

Als er später ging, sah Becca mich ganz beeindruckt an.

»Sie haben aber wirklich keine Berührungsängste, was?«, fragte sie.

»Ach, das liegt alles nur an Ted«, erklärte ich. »Früher hab ich nie mit jemandem geredet.«

Der Tag der Abschlussfeier brach grau und hässlich an. Alle Hundebesitzer durften ihre Familie, die Welpeneltern, den Trainer und die Züchter des Tieres einladen. Aber Colin Martins Auto hatte unterwegs seinen Geist aufgegeben, Sarah hatte sich am Tag zuvor beim Cricketspielen das Knie verletzt, und von meiner Familie mussten alle arbeiten. Außerdem war ich ja die Welpenmutter! Peter, Ted und ich kamen also allein.

Sein Bruder Eno machte an diesem Tag auch seinen Abschluss. Er war an eine ganz zauberhafte bewegungseingeschränkte Dame vermittelt und von einer darauf spezialisierten Organisation dafür trainiert worden, bei zu niedrigen Blutzuckerwerten Alarm zu schlagen. Bei solchen Dingen arbeiteten wohltätige Vereine oft zusammen – wenn ich jetzt zum Beispiel mein Gehör verlieren würde, würde eine andere Organisation Ted zum Hörhund ausbilden.

Die beiden Brüder hatten sich seit dem gemeinsamen Training nicht gesehen, und Teddy war außer sich vor Freude. Er wusste bereits, dass Eno da war, bevor auch nur einer der beiden aus dem Auto gestiegen war – deshalb tobte er im Wagen herum und wollte heraus. Wie er sich freute, als er Eno dann gegenüberstand! Wir ließen sie im Auslauf ein bisschen miteinander spielen, bevor schließlich die Feier losging. Von da an blieben wir mit Enos Frauchen in Kontakt, und Teddy freut sich immer, wenn er seinen Bruder wiedersieht.

Für jeden der Hunde, die ihren Abschluss machten, hielt Geschäftsführer Andy Cook eine kleine Rede. Als Ted an der Reihe war, erzählte er unsere ungewöhnliche Geschichte. Er sprach von meiner Hautkrankheit und Monty und davon, wie dann später Teddy und ich zusammenkamen. Als Nächste sprach Becca und sagte, dass mein Hund und ich uns wirklich gesucht und gefunden hatten. Sie lobte Teds gute Leistung während des Kurses und fügte hinzu: »Wenn Sie jemals Interesse haben, Wendy, wartet hier ein Job als Trainerin auf Sie!«

Schließlich war ich an der Reihe, ich hatte aber furchtbare Angst, dass ich bei meiner Rede weinen musste. Für die Zeremonie hatte ich extra zwei Gedichte geschrieben: In dem ersten, aus meiner Sicht verfassten, sagte ich Teddy, was er mir bedeutete. Das zweite stellte seine Perspektive dar.

Bei *Canine Partners* hatte man mich ermutigt, sie vorzulesen, am Ende konnte ich es aber nicht. Ich war mir einfach nicht sicher, ob ich die Tränen zurückhalten könnte, und wer weiß, welchen Schaden ich damit meiner Kehle zugefügt hätte. Aber ich schaffte es, ein paar Worte über Ted und unsere perfekte Partnerschaft zu sagen. Und als ich die Anekdote darüber erzählte, wie Teddy im Bus den Knopf für die Strandhaltestellte gedrückt hatte, ertönte schallendes Gelächter.

Dann erklärte Andy, warum Colin und Sheila Martin sowie Sarah nicht dabei sein konnten. »Und da Wendy auch die Welpenmutter war ... ist das unser Team!«, rief er aus und deutete auf meinen Hund und mich. Als alle applaudierten, sah Teddy unheimlich stolz aus.

Ich fand es immer schade, dass ich die beiden Gedichte damals nicht vorlesen konnte, aber es war richtig, das Risiko nicht einzugehen. Trotzdem bin ich über die Möglichkeit froh, sie hier mit allen zu teilen.

Für Edward Bear von Mum
Weil ich euch gar nicht sagen kann, was Teddy mir
    bedeutet,
Sag ich's ihm lieber selbst.
Du kamst in mein Leben wie ein Wirbelwind,
Wie eine frische Brise, stehst niemals still.
Für dich ist das Leben nur ein Spiel, du Clown,
Du bringst mich zum Lachen, bist niemals ernst.
Deshalb sehen andere sie manchmal nicht,
Deine innere Ruhe und Schönheit.
Gerade noch hast du das Frisbee gejagt,
Und jetzt ruht dein Kopf auf meinem Knie.
Durch dich hab ich über mich lachen gelernt,
Ich akzeptiere, wer ich bin – weil du mich liebst.
Und dich liebe ich mehr, als ich ausdrücken kann,
Mit dir kann ich fliegen, gehe raus in die Welt,
Und was die anderen denken, schert mich nicht
    mehr.
Wenn ich für dich in Ordnung bin, dann bin ich so in
    Ordnung.
Zusammen haben wir so viel gelernt,

Und ich hatte mehr Spaß, als ich je für möglich hielt.

Dir gefiel es wohl, den Trainer zu spielen,

Denn wer hier wen trainiert hat, weiß ich nicht!

Und am Ende halte ich zwar deine Leine, aber du hältst
mein Herz.

Von Mummy, in Liebe

Die perfekte Partnerschaft

An einem Tag vor tausendmal Schwanzwedeln

Wurd ich oben im grünen Exmoor geboren.

Und weil durch meine Adern pures Gold rinnt,

Scheint durch mich selbst die Sonne heller.

An einem feuchten und windigen Wintertag

Hast du dich für mich entschieden – oder vielleicht eher
ich mich für dich?

Gebe ich hier auf dich acht, oder du auf mich?

Du bringst mir so viel bei, und ich dir.

Du passt auf mich auf, und ich auf dich.

Du lachst, ich tanze, mache Sitz, drehe mich auf den
Rücken und öffne für dich Türen,

Und noch hundert andere Dinge.

Du kämmst und bürstest mich, wachst über mich,
liebst mich,

Und noch hundert andere Dinge.

Ich verlasse mich auf dich, und du dich auf mich.

Gehe ich vor, folgst du mir?

Bin ich dein Schatten, oder du meiner?

Du hältst meine Leine, und ich halte dein Herz,

Das für mich in Gold getaucht ist.

Und diese wunderbare, verrückte, magische Beziehung
Ist die perfekte Partnerschaft.

PS: Dein Herz trägt goldene Pfotenabdrücke von mir,
Damit du immer weißt, dass ich bei dir bin,
Bis ans Ende aller Zeiten.

Von Edward Bear (Teddy)

Kapitel 23

Monty

Als Teddy sich seine *Canine-Partners*-Weste verdient hatte, gab Monty seine ab. Er war inzwischen vierzehn. Noch half er hier und da ein bisschen im Haus, aber er begleitete mich schon lange nicht mehr in Cafés oder Geschäfte und Krankenhäuser, und jetzt durfte er es auch offiziell nicht mehr. Von dem Schlaganfall zwei Jahre zuvor hatte er sich gut erholt. Obwohl er langsam geworden war und Teddy für ihn übernommen hatte, war er immer noch ein toller Hund, und wir genossen die Zeit mit ihm.

Und dann geschah das Unfassbare.

Uns fiel auf, dass er zu schnaufen begann, so als würde er die Nase hochziehen. Abgesehen davon schien mit ihm alles in Ordnung – er veranstaltete mit Teddy ein Wettrennen um meine Pantoffeln oder zog mir die Socken aus, als wäre nichts. Er wirkte glücklich. Ich war es jedoch nicht, weil sich irgendwo in meinem Inneren eine längst vergessene Erinnerung zu Wort meldete.

Mir kamen nämlich die Symptome eines Golden Retrievers von Freunden in den Sinn, der vor Jahren Nasenkrebs gehabt hatte. Deshalb rief ich lieber den Tierarzt an und schaute mit Monty in der Praxis vorbei. Im Warteraum wurde mir innerlich eiskalt. Teddy versuchte immer wieder, Monty über das Gesicht zu lecken, aber das unterband ich irgendwann. Dabei versuchte ich, positiv zu bleiben. Wenn ich an Sonnenschein und singende Vögel dachte, würde es vielleicht gar nicht wahr. Aber dann schnaufte Monty erneut, und die Realität holte mich wieder ein. Es war, als griffen eisige Finger nach meinem Herzen. Der Tierarzt bestätigte dann meine Befürchtungen: Monty hatte Krebs. Man erklärte uns, dass der Tumor in einem seiner Nasenlöcher ganz langsam wuchs und Monty vielleicht noch Monate hatte – keiner konnte sagen, wie viel Zeit uns mit ihm noch blieb. Eins wussten wir aber ganz genau: Unser wunderbarer Junge würde sterben.

Monty bekam Medikamente, die seine Schmerzen lindern sollten, und dann nahmen wir ihn mit nach Hause. Ich konnte nicht fassen, dass das wirklich jetzt und so passierte. Wie konnte denn mein fröhlicher, ausgelassener Monty nur sterben? Wie konnte das Leben so grausam sein? Ich rief Margaret an, die genauso mitgenommen war wie wir auch. Dann überbrachten wir die Neuigkeiten unseren Familien. Peters Mutter war am Boden zerstört, weil sie Monty vergötterte.

Aber irgendwie half es mir auch, dass außer meinem Mann und mir noch jemand um ihn trauern würde. Dadurch fühlten wir uns nicht so allein.

Wir versuchten, uns ganz normal zu verhalten und für Monty den Rest seines Lebens so glücklich wie möglich zu gestalten. Er wusste ja nicht, dass er krank war – daher benahm er sich immer noch wie ein kleiner Clown und wollte dauernd spielen. Am liebsten wäre er mit Teddy durch die Gegend gesaust, ich ließ ihn aber nicht von der Leine. Wenn er zu viel rannte, konnte er nämlich nicht vernünftig atmen.

Am Ende war es kein langsamer Prozess. Wir mussten während der nächsten zwei Wochen mehrmals zum Tierarzt, und ich befürchtete schon das Schlimmste. Jedes Mal hatte ich Angst, Monty würde nicht mit uns nach Hause zurückkommen, aber zu unserer großen Erleichterung konnten wir ihn dann doch wieder mitnehmen.

Teddy konnte er allerdings nicht täuschen. Der wusste, dass irgendetwas nicht stimmte, und war in Montys Anwesenheit viel ruhiger. Eines Morgens machten Peter und ich uns gerade für den Spaziergang mit den Hunden fertig, und die beiden warteten im Flur auf uns. Da kam Teddy auf einmal ganz langsam ins Wohnzimmer, schaute mich an und legte sich hin. Ich wusste sofort, dass etwas passiert sein musste. Als ich auf den Flur hinausstürzte, um nach Monty zu sehen, folgte Teddy mir dieses erste und einzige Mal in seinem Leben nicht.

Weil er es nämlich wusste. Er wusste es, aber ich nicht. In gewisser Hinsicht bin ich heute froh, dass ich damals keine Ahnung hatte. Monty fiel das Atmen schwer, und die Situation war offensichtlich sehr ernst. In diesem Moment konnte ich mich der Realität aber einfach nicht stellen, weder mit dem Kopf noch mit dem Herzen. Wir beschlossen, Monty erneut zum Tierarzt zu bringen. Schweigend legten Peter und ich den Weg zurück, nachdem wir beide Hunde ins Auto gepackt hatten.

Ich rief mir in Erinnerung, dass wir jetzt doch schon so oft beim Arzt gewesen waren und dass Monty jedes Mal Medikamente bekommen hatte und dann wieder nach Hause geschickt worden war. Bestimmt ging auch das hier schnell wieder vorbei. Als wir in der Praxis ankamen, plante ich innerlich schon, was wir später mit den Jungs machen würden. Allerdings konnte ich hören, wie furchtbar abgehackt Monty atmete, als er aus dem Auto kletterte.

Wie konnte das nur passieren? Monty war heute Morgen doch wie immer gewesen, hatte mir die Hausschuhe geholt und herumgealbert. Bevor Teddy gekommen war, um mir zu sagen, dass da etwas nicht stimmte, hatte ich ihn doch nur einen kurzen Moment allein gelassen.

Sicher würde alles wieder in Ordnung kommen. Mir machte es aber zu schaffen, wie still Teddy die ganze Zeit im Wartezimmer war. Er lag mit dem Kopf auf den Pfoten da, behielt Monty im Auge und rührte sich nicht. Wenn Leute vorbeikamen und grüßten, würdigte Teddy sie keines Blickes.

Ich redete im Warteraum mit Monty und versuchte ihn aufzuheitern – ihn und mich. »Es wird alles gut, Monty«, sagte ich. »Wir gehen gleich rein zum Doktor, und der gibt dir etwas, was dir hilft. Danach geht's dann nach Hause, und wir machen einen Spaziergang.« Ganz sicher. Wir würden wieder heimfahren, sobald wir mit dem Tierarzt gesprochen hatten.

Aber so lief es dann nicht, weil uns der Arzt nämlich erklärte, dass Monty keine Luft mehr bekam. Man konnte nichts mehr für ihn tun. Der Mann beteuerte uns, wie leid ihm das tat, aber der Moment des Abschieds war gekommen. Seine Stimme erreichte mich wie aus weiter Ferne, als würde ich sie aus einem langen, dunklen Tunnel heraus hören.

Teddy spürte, wie sehr mich die Sache mitnahm, und wurde deshalb auch unruhig. Daher bat uns der Arzt, lieber mit ihm rauszugehen. Er sollte nicht dabei zuschauen, wie Monty eingeschläfert wurde.

Das letzte Mal sah ich Monty also auf dem Behandlungstisch in der Tierarztpraxis. Obwohl er kaum noch atmen konnte, versuchte er immer noch, mit dem Schwanz zu wedeln. Ich hatte wirklich gedacht, dass wir ihn wieder mit nach Hause nehmen würden.

Bevor ich ging, küsste ich ihn auf die goldene Stirn und sagte ihm, wie lieb ich ihn hatte. Ich habe keine Ahnung, wie ich es aus der Praxis geschafft habe, die Tür konnte ich nicht mal sehen, weil mir Tränen übers Gesicht liefen. Bisher hatte ich all meine Hunde bis zum Schluss begleitet, jetzt aber ließ ich Monty mit Peter und dem Arzt allein. Wenn ich nämlich richtig zu schluchzen anfing, würde sich meine Kehle verschließen. Ja, ich hatte früher auch schon mal ein paar Tränen verdrückt, aber wenn ich ihnen bei dieser Gelegenheit freien Lauf lassen würde, würde ich nicht mehr aufhören.

Und ich musste doch für Teddy stark sein. In der Aufregung hatte ich Teddys Leine an Montys Halsband befestigt, weshalb ich jetzt keine für Teddy hatte. Die Rezeptionistin gab mir jedoch eine Schnur. Da meine Hände

nicht beweglich genug waren, um so etwas Dünnes fest-
zuhalten, wickelte ich mir die Kordel um den Arm. Wenn
Teddy daran auch nur das kleinste bisschen gezogen
hätte, hätte er die Haut mitgerissen. Mein Assistenzhund
wusste aber ganz genau, dass etwas nicht stimmte, deshalb blieb er brav wie ein Lämmchen an meiner Seite. Er
zerrte nicht und würdigte seine Umgebung kaum eines
Blickes.

Ich wollte mich irgendwie vom Heulen abhalten, deshalb ging ich in einen Supermarkt, damit ich unter Menschen war. Dort wankte ich wie ein Zombie durch die
Gänge. Ich konnte sehen, dass auch Teddy trauerte.

Später holte uns Peter, der kreidebleich war und ganz
rot geweinte Augen hatte, dort ab. Er hatte Monty nach
Hause gebracht, ihn im Garten begraben und sich dann
auf die Suche nach mir und Teddy gemacht.

Jetzt fiel mir wieder ein, was man uns bei Pennys Tod
gesagt hatte: dass ein Tier einen toten Freund sehen soll,
um zu begreifen, was passiert ist. Wieder einmal war es
zu spät. Als wir nach Hause kamen, rannte Teddy in jedes
Zimmer, suchte überall nach Monty und blieb dann irgendwann vor mir stehen. Ich versuchte, ihn in den Arm
zu nehmen, aber er drehte sich einfach nur um und legte
sich dort ins Körbchen, wo Monty sich eben noch aus-
geruht hatte. Dann stand er auf und holte sich Montys
Tragehandtuch in den Korb, bevor er ein langes dunkles
Stöhnen ausstieß. Es war furchtbar mit anzusehen.

Unser Herz war gebrochen, und Teddys auch.

Kapitel 24

Rettungshund Teddy

Die nächsten Wochen waren für uns nicht einfach. Montys Abwesenheit war überall zu spüren, und Teddy war am Boden zerstört. Immerhin hatte Monty sich um ihn gekümmert, seit er ein winziger Welpe gewesen war, hatte ihm beigebracht, für mich zu sorgen, und war sein engster Freund geworden.

Wochenlang ging Teddy immer wieder dieselbe Routine durch, suchte in allen Zimmern nach Monty und legte sich dann mit dem Handtuch ins Körbchen. Für mich war es eine Qual, ihn so leiden zu sehen.

Aber ähnlich wie Monty nach Pennys Tod schöpfte jetzt auch Teddy durch seine Arbeit neuen Lebensmut. Dass wir aufeinander aufpassen mussten, half auch uns Menschen über die Trauer um Monty hinweg. Ich weiß nicht, was ich ohne ihn gemacht hätte.

Nach und nach fand Teddy wieder zur Normalität, und sein altes Funkeln kehrte zurück. Wir waren für ihn so dankbar wie noch nie, weil er mit seiner neuen Stärke auch uns mitzog.

Mittlerweile wachte Ted Tag für Tag über mein Leben. Wir wussten, dass er bei einer Atemnot Alarm schlagen würde, und je enger unser Verhältnis wurde, umso mehr verließ ich mich auf ihn. Er kümmerte sich nun in den unterschiedlichsten Bereichen um mich.

Meine Tante Gwen hatte mir immer eingebläut, dass ich mir den Notausgang einprägen sollte, wenn ich irgendwo zum ersten Mal war. Da man im Notfall oft panisch und durcheinander ist, findet man besser aus dem Gebäude, wenn man den Weg hinaus bereits kennt. Ich bin ihrem Rat gefolgt und schaue mir mit Peter zusammen an neuen Orten immer als Erstes den Fluchtweg an. Irgendwann überlegte ich mir, dass es vielleicht eine gute Idee wäre, auch Teddy die kürzeste Route nach draußen zu zeigen. Mein Assistenzhund hatte nämlich ein unglaubliches Gedächtnis und einen tollen Orientierungssinn. Er fand immer problemlos zurück zum Auto, und ich musste ihm nur folgen. Das war vor allem auf einem großen Gelände mit vielen Menschen nützlich, wie zum Beispiel bei IKEA – ich bin mir ziemlich sicher, dass viele Leute dort gern einen Teddy dabeihätten!

Bei einer Übernachtung im Hotel lief ich also jedes Mal mit meinem Hund den Rettungsweg ab, klickte am Ausgang und gab ihm ein Leckerli. Während er seine Belohnung bekam, sagte ich: »Schnell, nach draußen!« Wir gingen das ein paarmal durch, bis er das Kommando kannte. Sobald er dann »Schnell, nach draußen!« hörte, führte er mich durch den Notausgang hinaus. Das wurde bei jedem Hotelaufenthalt zur Routine. Sobald unsere Koffer ausgepackt waren, zeigte ich Teddy, wie wir zum Beispiel bei einem Brand schnell entkommen konnten.

Aber wir hatten natürlich keine Ahnung, wie er im Ernstfall reagieren würde. Schließlich lief ich die Strecke mit ihm tagsüber ab, war dabei völlig ruhig und hatte keine Angst. Würde er den Weg auch finden, wenn Panik in meiner Stimme mitschwang und es vielleicht dunkel war?

Als wir einmal Verwandte besuchten, stiegen Peter und ich unterwegs für eine Nacht in einem Hotel ab. Wie immer machten Teddy und ich uns dort mit dem Fluchtweg vertraut, dann ging ich mit ihm Gassi, bevor wir uns ins Bett legten. Mitten in der Nacht wurden wir auf einmal von fürchterlichem Lärm geweckt.

Es war der Feueralarm. Ich versuchte ruhig zu bleiben, leinte meinen Assistenzhund an und sagte: »Schnell, nach draußen!«

Teddy konnte meine Panik spüren, rannte zur Tür hinaus, den Gang entlang und direkt zum Notausgang. Mühsam stiegen wir die Treppe hinunter und standen schließlich mit anderen Gästen und dem Hotelpersonal draußen im strömenden Regen.

Es stellte sich heraus, dass ein brennender Wasserkocher den Alarm ausgelöst hatte – zum Glück waren alle in Sicherheit, und es hatte nicht einmal Sachschäden gegeben. Allerdings war dann der Feueralarm defekt, und man konnte ihn nicht mehr abstellen. Teddy weigerte sich, das Gebäude wieder zu betreten, solange noch die Sirene ertönte. Deshalb mussten wir eine gefühlte Ewigkeit draußen warten, während der Alarm repariert wurde.

Als wir endlich wieder auf unser Zimmer konnten, waren wir klitschnass und völlig durchgefroren.

Aber wir waren unversehrt. Die Hotelangestellten zeigten sich beeindruckt, als wir ihnen von Teddys Heldentat erzählten. Und wir fühlten uns viel sicherer, weil wir wussten, dass Teddy uns im Fall eines Feuers nach draußen bringen und uns damit vielleicht sogar das Leben retten würde. Diesmal war es nur ein Kurzschluss in einem Wasserkocher gewesen, aber beim nächsten Mal konnte das schon ganz anders aussehen.

Im November 2010 stellte Teddy dann wieder einmal unter Beweis, wie gut er in Krisensituationen reagierte. Ich musste mal wieder zu einer Reihe von Terminen ins St. Thomas' in London. Zwischen zwei Arztbesuchen hatten wir ein oder zwei Stunden Zeit, deshalb beschlossen wir, mit Ted eine Runde zu gehen, damit er sich die Beine vertreten konnte. Mit Peter und Teddy an meiner Seite fuhr ich in meinem Elektromobil am Ufer der Themse in South Bank entlang.

Da bemerkte ich gegenüber auf einmal jede Menge geparkte Busse. In diesem Moment dachte ich mir noch nichts dabei, obwohl das ungewöhnlich war.

Unser Spaziergang führte uns am London Eye, der Waterloo Bridge und dem National Theatre vorbei, und dann erreichten wir einen kleinen Laden mit Postkarten und Halstüchern. Da die Frau darin Teddy so gernhatte, schauten wir immer vorbei und sagten Hallo.

Wir unterhielten uns nett mit der Ladenbesitzerin, bis

es dann an der Zeit war, uns langsam auf den Rückweg zum Krankenhaus zu machen. Aber als wir aus dem Geschäft traten, wurden wir von ohrenbetäubendem Lärm empfangen. Aus den geparkten Bussen hatte sich eine wahre Flut von Menschen ergossen, die Parolen brüllten und trommelten. Wie Ameisen schwärmten sie über die Waterloo Bridge herbei. Es stellte sich heraus, dass wir in eine Demonstration gegen Studiengebühren geraten waren, an der Zehntausende Studenten teilnahmen. Leider hatten wir nicht mitbekommen, dass diese Demo für heute geplant gewesen war.

Der Lärm und das Gedränge waren absolut furchtbar, und ich machte mir Sorgen um Ted. Ich wollte nun wirklich nicht, dass er Angst bekam.

Außerdem rückte mein Arzttermin näher, und zwischen mir und dem Krankenhaus befanden sich Tausende von Menschen. Mir lief es schon allein bei dem Gedanken kalt über den Rücken, daher drehte ich mich zu Peter um und sagte: »Wir schaffen es doch niemals durch diese Menge.«

Da wir das mit Teddy nicht einmal probieren wollten, gingen wir zurück in den Laden und fragten die Frau, ob es vielleicht noch einen anderen Weg zurück zur Klinik gab. So langsam wuchs in mir die Anspannung.

»Ich fürchte, dann muss ich Ihnen wohl ein Taxi rufen«, sagte die Dame.

Ich ließ das Elektromobil bei Peter und stieg mit Teddy ins Taxi. Mein Mann wollte versuchen, irgendwie auf anderem Weg zum Krankenhaus zu kommen, ich bläute ihm jedoch ein, dabei bloß die Demo zu umgehen. Wenn wir erst einmal am Krankenhaus angekommen waren, wollte ich ihn anrufen, um zu sehen, wo er steckte.

Teddy und ich stiegen ins Auto und baten den Fahrer, uns zum St. Thomas' zu bringen. »Aber egal welche Strecke Sie nehmen, umgehen Sie bitte die Studentenproteste«, bat ich ihn. »Und wenn Sie dafür aus London rausfahren müssen, dann machen Sie das eben, aber halten Sie sich bitte von der Demo fern. Ich möchte nicht, dass die meinen Hund verrückt machen.«

»Keine Sorge«, beruhigte mich der Mann. »Ich kenne einen anderen Weg.«

Während wir durch eine Nebenstraße nach der anderen fuhren, klammerte ich mich an Ted. Er war ganz ruhig und entspannt, ich hatte jedoch Angst, dass ihn der Lärm der Demonstranten verschrecken würde, wenn wir dem ganzen Tohuwabohu zu nahe kämen.

Irgendwann hielt der Taxifahrer dann am Krankenhaus, aber irgendwo beim Hinterausgang. Dort war ich noch nie gewesen und kannte mich überhaupt nicht aus.

»Wenn ich Sie hier absetze, kommen Sie dann zurecht?«

Ich war so überrumpelt, dass ich einfach Ja sagte, obwohl das überhaupt nicht stimmte. Aber der Fahrer war so nett gewesen, und er weigerte sich sogar, für die Strecke Geld zu nehmen.

Als ich ausstieg, war ich völlig durcheinander und konnte sogar von hier aus noch die Demonstranten hören. Ich wusste, dass sie ganz in der Nähe sein mussten. Als Erstes ließ ich mich deshalb auf eine Bank sinken und schloss einen Moment die Augen. *Jetzt reiß dich mal zusammen, es kommt schon alles in Ordnung,* sagte ich mir selbst.

Irgendwie musste ich den Weg zum Krankenhaus finden, wo Peter schon auf mich wartete. Am Ende beschloss ich einfach, auf Ted zu vertrauen. Ich würde ihn bitten, meinen Mann zu finden, auch wenn ich keine Ahnung hatte, ob er dann einfach mit mir zum Laden zurückgehen würde.

»Kannst du Daddy suchen, Ted?«, fragte ich.

Na klar! Ich folgte ihm über eine Kreuzung, dann eine Betontreppe hinauf, durch ein Parkhaus und in eins der Gebäude. Da ich mich selbst hier überhaupt nicht zurechtfand, konnte ich nur hoffen, dass wenigstens Teddy wusste, was er da tat. Jetzt lief er mit mir weitere Stufen hinauf, und tatsächlich kam uns dort Peter mit dem Elektromobil entgegen.

Ich fand es unfassbar, dass Teddy wirklich den Weg gefunden hatte. Bis heute weiß ich nicht, wie er das geschafft hat. Und ich hatte eigentlich auch damit gerechnet, dass mein vierbeiniger Freund nach diesem Abenteuer ziemlich fertig sein würde. Er blieb jedoch völlig ruhig und half mir während des Termins mit dem Arzt wie immer ganz entspannt beim Ausziehen.

Der Arzt machte eine Bemerkung darüber, welches Glück wir gehabt hatten, dass er in der Mittagspause das Gebäude nicht verlassen hatte: Viele Krankenhausangestellte waren durch die Demonstration aufgehalten worden und hatten nicht in die Klinik zurückkehren können.

Es gab Patienten, die vergeblich auf ihre OP warteten, weil kein Chirurg da war.

Als wir das St. Thomas' später verließen, dachten wir eigentlich, dass längst alles gelaufen wäre. Aber dann entdeckten wir wieder eine Gruppe Demonstranten und mussten mit Teddy zurückweichen. Die Studenten gingen zum Krankenhaus hinüber.

Vor dem Eingang stand eine kleine ältere Dame, der die jungen Leute nun erklärten, dass sie die Parteizentrale der Konservativen suchten.

»Na, hier ist sie jedenfalls nicht«, entgegnete sie. »Und kommt bloß nicht auf die Idee, auch nur einen Fuß in die Klinik zu setzen!«

Später erfuhren wir, dass die Protestler die Parteizentrale in Millbank besetzt, sie in Brand gesteckt und dort Fenster eingeschlagen hatten.

Selbst am Abend hatte ich immer noch Angst und wollte unsere Unterkunft auf gar keinen Fall verlassen, aber Teddy war bei alldem ganz ruhig geblieben.

Ein paar Monate später fuhren wir mit ihm Zug, und der Schaffner warnte mich vor, dass er gleich mit der Pfeife das Signal zur Abfahrt geben würde.

»Kommt Ihr Hund denn mit dem Lärm klar?«, fragte er.

»Ja, davon gehe ich aus«, antwortete ich. »Schließlich hat er bei den Studentenprotesten in London nicht einmal mit der Wimper gezuckt!«

Teddy scheint immer zu wissen, wenn irgendetwas nicht in Ordnung ist, und zwar meistens schon vor mir. Eines Tages hatte ich eine Routineuntersuchung bei meiner Physiotherapeutin, und Teddy fing an, über meinen Oberarm zu lecken. Das war für ihn ungewöhnlich.

Wenn ich irgendeinen Termin dieser Art hatte, lag er normalerweise ruhig neben meinem Stuhl, bis es wieder Zeit zum Aufbruch war. Nach einer Weile begann sich meine Therapeutin, Sorgen zu machen. Sie wusste, dass Teddy darauf trainiert war, Peter Bescheid zu sagen, wenn es mir nicht gut ging. Wenn mein Mann nicht da war, dann alarmierte er vielleicht einfach jemand anderen.

Ich bat meinen Assistenzhund, sich hinzulegen. Das tat er auch, nach ein paar Minuten stand er allerdings wieder auf und fing erneut an, mir über den Arm zu lecken. Die Physiotherapeutin fragte mich, ob mir irgendetwas wehtat. Ich erklärte, dass ich letzte Nacht ein Ziehen im Brustkorb verspürt hatte, es nach dem Aufstehen jedoch besser geworden war.

Trotzdem schlug sie mir vor, eine Röntgenaufnahme machen zu lassen. Ich stimmte zu, obwohl ich den Ärzten nur sehr ungern erklären wollte, dass ich wegen meines leckenden Hundes zum Röntgen kam.

Es stellte sich heraus, dass Teddy recht gehabt hatte. Die Röntgenaufnahme zeigte den Beginn einer Virusinfektion zwischen meinen Rippen. Hätte man die nicht so schnell entdeckt, wäre die Sache in den nächsten Tagen vermutlich äußerst schmerzhaft geworden. Man verschrieb mir Antibiotika, und Teddy bekam als Belohnung einen Hundekuchen, weil er so schlau gewesen war. Nach Montys Schlaganfall und vor dessen Tod hatte sich Teddy so toll um seinen vierbeinigen Freund gekümmert, und jetzt machte er das Gleiche für mich. Dr. Ted war wieder da. Seine größte Heldentat stand jedoch noch aus.

Es war ein klarer Novembertag im Jahr 2011, ein Jahr nach den Studentendemos. Teddy und ich befanden uns im Haus, während Peter in der Garage arbeitete. Ich liebe Blumen über alles, deshalb baute er für uns eine Pergola, die wir mit Clematis und vielleicht einer Kletterrose überwuchern lassen wollten.

Den Vormittag verbrachte ich damit, Teddy beizubringen, wie er sich selbst die Weste ausziehen konnte. Selbst nach seinem Abschluss lehrte ich ihn immer noch neue Sachen, die für mich hilfreich sein könnten. Tatsächlich empfahl man von *Canine Partners* aus, dem Repertoire des Hundes alle sechs Monate etwas Neues hinzuzufügen, damit er sich nicht langweilte. Teddy lernte aber so schnell, dass es schwierig war, sich für ihn neue Tricks auszudenken. Auch an diesem Tag hatte er es im Nullkommanichts begriffen, drehte die Schnauze nach hinten und zog sich die Weste über den Kopf. Das war wirklich praktisch, weil es für mich inzwischen ein Problem war, ihm die Jacke an- oder auszuziehen.

Mittlerweile hatte sich nämlich meine Speiseröhre verkürzt, weshalb mir beim Vorbeugen Säure in die Kehle lief, was noch mehr Blasen und Schädigungen zur Folge hatte. Aus diesem Grund wollte ich Teddy so viele

Sachen wie möglich beibringen, die mir diese Bewegung ersparten.

Im Laufe des Vormittags brachten Teddy und ich Peter Tee und Plätzchen hinüber in die Garage. Weil die Maschine dort so laut war, hörte mein Mann uns zunächst gar nicht. Nachdem ich erfolglos versucht hatte, ihn auf mich aufmerksam zu machen, musste ich am Ende den Stecker herausziehen, damit Peter uns bemerkte. In diesem Moment fuhr mir kurz durch den Kopf, dass er im Notfall meine Rufe niemals hören würde.

Teddy und ich gingen zurück, trainierten noch ein bisschen und spielten. Ich hinterlegte überall im Haus Leckerlis, um durch die Suche danach Teddys Geruchssinn zu stärken. Dann sollte er für mich verschiedene Gegenstände aufspüren, die ich ebenfalls versteckt hatte.

Irgendwann fing ich dann an, das Mittagessen vorzubereiten. Für meinen Mann würde ich Käsebrote machen, für mich gab es Suppe. Nachdem ich mich 1993 einmal so furchtbar verschluckt hatte, dass Peter für meine Pflege seine Arbeit aufgeben musste, sollte ich eigentlich nur noch wasserlösliche Lebensmittel zu mir nehmen. Wenn etwas in meinem Hals stecken bleibt und ein Glas Wasser nicht weiterhilft, kann ich daran leicht ersticken. Deshalb wird alles, was ich zu mir nehme, püriert und durch ein Sieb gestrichen. In Ordnung ist höchstens ein in Milch oder Kaffee getunktes Plätzchen oder Stück Brot, weil das ja ganz weich wird. Insgesamt ist mein Speiseplan daher nicht sehr aufregend, ich bin daran jedoch gewöhnt.

Die Käsescheiben für Peters Brote lagen auf einem

Teller, den ich jetzt aus dem Kühlschrank holte. Leider liebe ich Käse und kann ihm nur schwer widerstehen. Den Geschmack finde ich einfach großartig – je kräftiger, desto besser. Aber nach dem Vorfall 1993 hatte ich mir fest vorgenommen, denselben Fehler nicht noch einmal zu machen. Die Versuchung war jedoch groß!

Ich beschloss, mir ein kleines Stück Käse auf die Zunge zu legen, ohne es zu kauen oder herunterzuschlucken, um einfach nur das Aroma zu genießen.

Aber sobald ich das Stückchen abgebrochen und mir in den Mund geschoben hatte, bekam ich auf einmal keine Luft mehr. Der Schluckreflex war wohl zu stark gewesen, und jetzt steckte der Käse in meinem Hals fest. Ich konnte weder um Hilfe rufen noch mit Teddy sprechen und hielt mich irgendwann am Spülbecken fest, weil meine Beine nachzugeben begannen. Es war absolut grauenhaft.

Langsam schwanden mir die Sinne, und ich war ganz sicher, dass ich jetzt sterben würde. Aus dem Augenwinkel konnte ich sehen, wie sich Teddy in Richtung Tür bewegte. *Der geht jetzt raus zum Spielen,* dachte ich noch, *während ich hier sterbe und mir nicht einmal mein Hund Gesellschaft leistet.*

Eine Minute später begann Peter, auf meinen Rücken einzutrommeln. Wir hatten zusammen einen Erste-Hilfe-Kurs gemacht, und er wusste zum Glück noch, dass man wirklich fest zuschlagen muss, wenn man etwas im Hals Steckendes lösen will. Plötzlich spürte ich im Mund das Stückchen Käse und spuckte es aus. Die Schmerzen in meiner Kehle waren unerträglich.

Mir war klar, dass sich dort jede Menge Blasen gebildet hatten. Aber Gott sei Dank bekam ich wieder Luft! Von Kopf bis Fuß zitternd, setzte ich mich erst einmal und nippte an dem Glas mit eiskaltem Wasser, das Peter mir reichte.

»Ein Glück, dass du genau in diesem Moment reingekommen bist«, sagte ich, als ich endlich wieder sprechen konnte.

»Nein, das war kein Zufall, Teddy hat mich geholt. Irgendwann habe ich über den Lärm der Säge hinweg ein Bellen gehört, aber das klang überhaupt nicht nach Teddy. Ich habe die Maschine ausgestellt und die Garagentür aufgemacht, und er ist draußen wie verrückt auf und ab gesprungen. Da habe ich gewusst, dass es sich um einen Notfall handeln muss, so bellt er nämlich nur, wenn du Hilfe brauchst.«

Beide drehten wir uns zu Teddy um. Er hatte die Küchentür und die Tür vom Wintergarten aufgemacht und war dann die Einfahrt entlang zur Garage gelaufen. Dort hatte er so lange gebellt, bis Peter ihn noch über den Lärm der Kreissäge hinweg gehört hatte. Indem er meinen Mann geholt hatte, hatte er mir das Leben gerettet.

In Anerkennung seiner Tapferkeit und schnellen Reaktion bekam Teddy für seine Heldentat sogar einen Orden von der Hilfsorganisation *PDSA*. Ich war noch nie im Leben so stolz gewesen.

Kapitel 25

Alltag ohne Ted

Nicht lange nachdem er mir auf diese Art das Leben gerettet hatte, bekam Teddy Magenprobleme. Er war krank
und einfach nicht er selbst, deshalb empfahl der Tierarzt
ein paar Tage Ruhe. Nachdem er mir immer so wunderbar
half, wünschte ich mir für Teddy natürlich auch nur das
Beste. Ich fand es furchtbar, ihn so bedrückt zu sehen, und
wollte ihm die Zeit der Genesung so angenehm wie möglich gestalten. Wenn er mir zu helfen versuchte, bestand
ich darauf, dass er sich lieber ausruhte. Ich musste mich
eben daran gewöhnen, mal ein paar Tage ohne ihn auszu-
kommen. Es war ja auch nicht für lange, und ich hatte früher schließlich jahrelang ohne Assistenzhund gelebt.

Aber diese wenigen Tage kamen mir vor wie eine Ewigkeit. Ich konnte kaum fassen, wie anders mein Leben
plötzlich ohne meinen vierbeinigen Helfer war. Wenn
man so umhegt wird wie ich von Ted, gewöhnt man sich
ziemlich schnell daran und betrachtet es als selbstverständlich.

Erst ohne seine ständige Fürsorge wurde mir jetzt klar,
wie glücklich ich mich schätzen konnte.

Allein aus dem Haus zu gehen, machte mir Angst. Früher war ich jedem Schlagloch und anderen möglichen Hindernissen ausgewichen, um die Haut unter meinen Füßen zu schützen. Teddy hatte sich das von mir abgeguckt und mich automatisch um jede mögliche Gefahr herumgelenkt. Jetzt musste ich erst einmal wieder lernen, unterwegs sorgfältig auf den Untergrund zu achten. Mir kam es vor, als hätte ich meine räumliche Wahrnehmung verloren – bei Teddy hatte ich eine Bordsteinkante einfach durch seine veränderte Körperhaltung gespürt, jetzt erkannte ich Stufen und Kanten gar nicht mehr auf den ersten Blick.

Außerdem hatte ich furchtbare Angst, dass jemand in mich hineinrennen würde. Wenn sich nur jemand an mir vorbeidrängelte, konnte mich das schon die Haut an den Ellbogen kosten. Ähnlich war es, wenn mir jemand in einer Menschenschlange auf den Fuß trat, deshalb brach ich meinen Ausflug in eine proppenvolle *Marks-and-Spencer*-Filiale auch schnell ab. All die Menschen um mich herum machten mir das Leben unmöglich, es kam mir vor, als würden alle ihre Stacheln ausfahren.

Mir wurde auch klar, wie sehr mir Teddy beim Gehen als Gegengewicht diente – ich bekam fürchterliche Angst vor möglichen Stürzen und hielt mich immer an einem menschlichen Begleiter fest. Vor Teddy war das meistens Peter gewesen. »Ich finde es ganz wundervoll, dass Ihr Mann und Sie nach all den Jahren Ehe immer noch Arm in Arm ausgehen«, hatte einmal eine Nachbarin zu mir gesagt und dann gelacht, als ich ihr den wahren Grund dafür erklärte.

Als Teddy krank war, ging ich mit einer Freundin einkaufen und klammerte mich die ganze Zeit panisch an sie – ich fühlte mich, als hätte ich mich über Nacht in eine kleine alte Dame verwandelt.

Es war mir noch nie leichtgefallen, Menschen um Hilfe zu bitten. Vor Teddy hatte ich mich das nie getraut und war dann eben frustriert gewesen, weil ich gewisse Dinge nicht tun konnte. Aber bei meinem Assistenzhund war ich ja ganz sicher, dass er die Sachen unheimlich gern für mich tat. Außerdem bekam er schließlich seine Leckerlis, daher war das ganze Arrangement für ihn genauso gewinnbringend wie für mich. Und deshalb gab er mir auch immer wieder einen Stups, um zu sehen, ob er noch irgendetwas für mich erledigen konnte: *Was möchtest du jetzt? Was soll ich als Nächstes machen?* »Na gut, Teddy, dann zieh mal los und hol mir die Hausschuhe.«

In Ordnung, Mum! Und schon war er unterwegs. Das fehlte mir jetzt so sehr.

Ich hatte einen Termin im Krankenhaus, bei dem mein Hals untersucht werden sollte. Dabei würde ich nur ein Kontrastmittel schlucken, das kannte ich ja längst, aber ich musste jetzt zum ersten Mal seit langer Zeit wieder allein in die Klinik. Mir graute davor, und so ungern ich das auch zugebe – ich war beim Betreten des Krankenhauses mit den Nerven fertig. Das zeigte mir erst, wie mutig ich durch Teddy geworden war. Schon allein, dass die Krankenschwestern mit ihm redeten und so das Eis brachen, war bei solchen Terminen eine große Hilfe.

Weil meine Abwehrkräfte nicht stark genug sind, um

eine Erkältung zu bekämpfen, und ich durch Husten oder Niesen meine Kehle beschädigen konnte, teilte ich mir selten das Wartezimmer mit kranken Menschen und saß auch dieses Mal wieder allein da.

Wenn wenigstens Teddy bei mir gewesen wäre, hätte ich ihn streicheln, mit ihm reden oder herumalbern können. Stattdessen hockte ich einsam auf meinem Stuhl und hatte das Gefühl, dass die Wände des Zimmers immer näher rückten.

Ohne meinen Hund kam ich mir generell eingesperrt vor, weil ich ja kaum noch das Haus verließ. Und der wichtigste Grund dafür war etwas scheinbar so Banales wie die Tatsache, dass er meine Toilettentür bewachte. Damit gab er mir so viel Freiheit. An einem jener Tage ohne Teddy gingen wir in einem Pub essen, und Peter rief quer durchs Lokal: »Oh, musst du vielleicht aufs Klo?« Natürlich musste ich, verneinte jedoch stinkwütend. Ich würde mich doch nicht wie ein Kind in aller Öffentlichkeit fragen und dann zur Toilette führen lassen.

Ohne Teddy kam ich mir so verletzlich vor. Ich dachte an den Moment zurück, als mich einmal jemand angegriffen und damit die Haut an meinen Ellbogen zerstört hatte. Dass ich mich nicht verteidigen kann, ist eine der schlimmsten Folgen von EB. Wenn jemand auf mich losgeht, habe ich nicht die geringste Chance. Hat er mich erst einmal gepackt, kann ich einen Angreifer nicht wegstoßen, weil seine Hände die komplette Haut mitreißen würden.

Auch wenn Teddy natürlich nie jemanden angreifen

würde, fühle ich mich in seiner Begleitung völlig sicher. Mit ihm würde ich sogar abends allein das Haus verlassen.

Aber vielleicht am wichtigsten war, welche Leichtigkeit er mir stets geschenkt hatte, und dieses Gefühl verschwand auf einmal unglaublich schnell. Plötzlich war ich wieder unsicher und schüchtern. Statt mich kontaktfreudig zu zeigen und das Leben zu genießen, zog ich mich in mein Schneckenhaus zurück und grübelte ständig. Ich kam mir bleischwer vor. Teddy hingegen hatte mein Dasein stets zum Leuchten gebracht, er war wie Magie – und ich sein Zauberlehrling. Jetzt war der Zauber mit einem Mal verflogen.

Zum Glück wurde Teddy bald wieder ganz der Alte, und ich sah mit Begeisterung dabei zu, wie bei ihm der übliche Schwung zurückkehrte. Aber in diesen wenigen Tagen hatte ich am eigenen Leib erlebt, wie das Leben ohne Ted aussehen würde, und eine wichtige Lektion gelernt. Mir war klar geworden, wie viel er für mich tat und was ich alles als selbstverständlich hingenommen hatte. Falls das überhaupt möglich war, wusste ich ihn danach nur noch mehr zu schätzen.

Kapitel 26

Teddy im Rampenlicht

Nach und nach wurde auch die Öffentlichkeit auf meinen Hund, den Lebensretter, aufmerksam. Schon vor ein paar Jahren hatte man mich von *Canine Partners* aus angerufen und gefragt, ob ich vielleicht zu einem Interview mit einer Zeitschrift bereit wäre. Ich hatte mich damals über das Interesse der Medien an Teddy gefreut, weil ich in alle Winde hinausschreien wollte, was für ein toller Hund er war.

Damals interviewte mich per Telefon eine Journalistin namens Jo Payton, der ich alles über Teddy erzählte. Ich sprach über EB und darüber, wie sanft und vorsichtig mein Hund mit mir umging. Ein paar Tage später mailte mir Jo den Artikel, um sich zu vergewissern, dass sie aus meiner Sicht alles richtig dargestellt hatte. Ich war begeistert über das Einfühlungsvermögen der Reporterin. In meinen Augen hatte sie meinen täglichen Kampf und die Freude, die mit Teddy in meinem Leben Einzug gehalten hatte, perfekt erfasst. Der Artikel rührte mich wirklich – ich sah Teddy hier zum ersten Mal durch die Augen anderer und begriff so erst, wie unglaublich mein zauberhafter Wirbelwind war. Weil bei Teddy immer alles so einfach und normal aussieht, vergesse ich manchmal, dass gewöhnliche Hunde all diese Dinge ja nicht erledigen. Auch meine Tante Gwen war begeistert, als ich sie anrief und ihr von Teddys Artikel in der Zeitschrift erzählte.

Wir dachten eigentlich alle, das würde eine einmalige Sache bleiben, aber im Laufe der Jahre nahm Teddys Berühmtheit zu. Das Interview mit Jo Payton war so ein Erfolg, dass auch andere Zeitungen und Zeitschriften über meinen Assistenzhund schreiben wollten. Teddy war im *Daily Express*, der *Daily Mail* und der *Sun* sowie vielen anderen Publikationen. Wir kauften uns ein Album, in das wir alle Zeitungsausschnitte klebten.

Ein Reporter aus der Gegend, Tony Gussin, berichtete in der *North Devon Gazette* über Teddys Auftritt bei der Crufts-Hundeshow. Kurz nach dem Erscheinen dieses Artikels sprach uns ein Mann am Strand an und wollte ein Autogramm von Teddy. Wir machten seine Pfote nass, drückten sie direkt neben sein Foto auf die Zeitung und konnten kaum mehr aufhören zu lachen.

Teddy war auch im Fernsehen. *Spotlight*, eine Regionalsendung der *BBC* für den Südwesten Englands, wollte gerne einen kurzen Bericht über ihn bringen.

Dafür besuchte uns Hamish Marshall, einer der Moderatoren, und filmte Ted bei der Arbeit. Er war nicht nur unglaublich nett, sondern auch ein echter Hundenarr – perfekt! Wir hatten viel Spaß dabei, Teddys ganzes Repertoire vorzuführen, und er schien vor der Kamera der geborene Star. Allerdings dauerte der Drehtag ewig, weil mein Hund bei jeder seiner Aufgaben von allen Seiten und aus allen möglichen Winkeln gefilmt wurde. Das störte ihn aber nicht. Ungerührt räumte er mehrmals die Waschmaschine aus, bis das Team die perfekte Aufnahme im Kasten hatte. Weil Hamish Teddy gern draußen filmen wollte, gingen wir bis zum Briefkasten, und dann fragte der Reporter, ob Teddy auch Geld am Automaten abheben konnte. Das hatte ich noch nie probiert, wollte es ihm aber auf jeden Fall irgendwann beibringen. »Könnten wir vielleicht mit ihm zur Bank gehen und gucken, wie er sich so schlägt?«, fragte Hamish.

Da war ich dabei, ich liebe nämlich Herausforderungen.

Am Automaten schob ich meine Karte in den Schlitz und fragte in scherzhaftem Tonfall: »Wo ist meine Karte, Teddy? Kannst du sie mir geben?« Was »meine Karte« bedeutete, wusste er schon, weil er sie für mich aufhob, wenn sie mir einmal herunterfiel. Er hatte sich selbst beigebracht, sie mit der Pfote anzutippen, sodass sie hochschnellte und er sie mit der Schnauze zu packen bekam.

Jetzt sprang Teddy zu meiner großen Überraschung hoch, nahm die Karte mit den Zähnen und legte sie mir in die Hand. Ich konnte es kaum glauben, da hatte ich also wieder eine Aufgabe von meiner Wunschliste abgehakt. Als ich mich irgendwann umdrehte, waren wir von einer Traube Schaulustiger umringt. Hamish entschuldigte sich bei ihnen, weil wir hier den Betrieb aufgehalten hatten, aber die Leute freuten sich einfach nur über das Spektakel, das Teddy ihnen hier geboten hatte.

Ganz besonders stolz sind wir darauf, dass Teddy das Maskottchen des britischen Olympia-Ärzteteams ist. Diese Truppe versorgt alle britischen Athleten – nicht nur diejenigen, die dann auch wirklich an den Olympischen Spielen teilnehmen, sondern alle auf dem Niveau dieses Wettkampfs. Insgesamt sind sie für eintausendvierhundert Sportler zuständig.

Im Jahr 2012 nahm dieses Team an der *Gold Challenge* teil – einer landesweiten Spendenveranstaltung im Zusammenhang mit den Olympischen Spielen. Es ging dabei darum, die Leute zu mehr Sport und einem gesünderen Lebensstil zu motivieren. Das Ärzteteam suchte sich die *Olympic Sport Challenge* aus, bei der man zehn olympische Sportarten ausprobierte, unter anderem Trampolinspringen und Taekwondo.

Jede teilnehmende Gruppe sammelte Geld für einen guten Zweck, und das Ärzteteam beschloss, *Canine Partners* zu unterstützen. Deshalb fragte man bei Andy Cook an, ob vielleicht einer der Assistenzhunde als Teammaskottchen herhalten konnte. Die Gruppe wurde von einem Mann namens Gary Tedder geleitet und nannte sich »Tedder Bear Hunters«.

»Tja«, sagte Andy, »ich glaube, ich hab da den perfekten Hund für Sie.«

Als Andy sich dann bei mir meldete und wissen wollte, ob Teddy den Job gern übernehmen würde, war ich begeistert.

Wir suchten die Zentrale des Nationalen Olympischen Komitees in der Londoner Charlotte Street auf, wo an Doyle die Arbeit von *Canine Partners* demonstriert wurde. Doyle war ein zauberhafter Labradoodle, der von *Canine-Partners*-Trainerin Claire Anthony nach allerhöchsten Standards trainiert worden war – für die Hilfsorganisation der perfekte Botschafter. Als man uns dann das Team vorstellte, waren alle ganz beeindruckt von Teddy.

Ein Besuch im olympischen Hauptquartier ist wirklich spannend – dort sind alle olympischen Fackeln in Glaskästen ausgestellt, und die Beschilderung gibt darüber Aufschluss, aus welchem Land und Jahr sie stammen.

Und ich fand es einfach großartig, dass sich das Team ausgerechnet *Canine Partners* als Hilfsorganisation ausgesucht hatte. Es war eine große Ehre, an all dem teilhaben zu dürfen.

Ich fahre immer noch oft nach London, wenn ich Arzttermine im Guys'- oder St Thomas'-Krankenhaus habe, und dann schauen wir auch bei unseren Freunden im olympischen Hauptquartier vorbei. Eine zauberhafte Dame namens Janet Smith organisiert unsere Besuche dort, und Teddy freut sich immer auf die ganze Aufregung bei seinem Erscheinen. Deshalb bringt er immer irgendetwas mit, was er den Leuten dort zeigen kann. Es ist toll, neben dem Krankenhausbesuch auch noch etwas zu haben, worauf wir uns in London freuen können.

Kapitel 27

Besser und besser

Teddy überraschte uns immer wieder. Bei meinen Terminen im St. Thomas' kamen wir jedes Mal an der Kinderstation vorbei und trafen die Patienten dort. Die Kleinen freuten sich darüber wahnsinnig, und ich brachte sie manchmal damit zum Lachen, dass ich einen kleinen Stoffbären auf Teddy reiten ließ. Gelegentlich sprachen mich auch Eltern an und fragten, ob ihr Kind Teddy streicheln konnte, weil es sein eigenes Haustier so sehr vermisste.

Weil mich das alles an die Zeit im Internat erinnerte, als ich Sammy so sehr vermisst hatte, wollte ich gern helfen. Ich beschloss, mich mit Teddy bei *Pets As Therapy (PAT)* zu bewerben, so wie ich es damals mit Monty und Penny getan hatte. Schließlich war Ted unglaublich zugänglich und fand es immer toll, Kindern Hallo zu sagen.

Er liebte eben jede Art von Aufmerksamkeit! Aber war er auch der richtige Hund für den Job? Ich wollte sichergehen, dass er damit wirklich glücklich sein würde. Wenn er dafür offiziell qualifiziert war, würde ich ihn ruhigeren Gewissens mitten in die Kinderschar schicken.

Als wir mit *Canine Partners* Rücksprache hielten, hatte man dort keine Einwände.

»Natürlich müssen die ihn erst testen, also wer weiß«, sagte ich zu Andy.

»Ach, das macht der doch mit links«, erwiderte der Geschäftsführer der Organisation.

Ich war mir da nicht so sicher. Die Leute nehmen für gewöhnlich an, dass Assistenzhunde auch gute Kandidaten für solche Therapien sind. Dabei sind für die beiden Aufgaben ganz unterschiedliche Fähigkeiten nötig, die man nur selten bei ein und demselben Tier findet. Assistenzhunde sind stark auf ihren Besitzer fixiert. Sie fungieren unterwegs als persönliche Assistenten und sollten von Passanten daher besser ignoriert werden. Natürlich machten die Leute das nicht immer, die Hunde waren jedoch darauf trainiert, mit niemand anderem als Herrchen oder Frauchen zu interagieren. Alle Assistenzhunde verstanden sich gut mit Menschen und ihren Artgenossen, das war aber nicht ihre Hauptaufgabe.

Ein Therapiehund sollte hingegen ein großer Menschenfreund sein. Er muss es toll finden, wenn man ihn streichelt, mit ihm redet und kuschelt. Teddy war zwar ein wirklich freundlicher Hund, aber ich war mir nicht sicher, ob er beide Jobs unter einen Hut bekommen konnte.

Nachdem wir die Formulare weggeschickt hatten, meldete sich eine nette Dame bei uns und erklärte, dass sie vorbeikommen würde, um Teddy zu testen. Um sie auf ihre neue Aufgabe vorzubereiten, wurden *PAT*-Hunde von einer fremden Person an einem Ort überprüft, mit dem sie nicht vertraut waren.

Wir vereinbarten, uns auf einem nahe gelegenen Hügel

auf der Wiese neben einem Parkplatz zu treffen, wo wir noch nie mit Teddy gewesen waren.

Am Tag unserer Verabredung war es draußen stürmisch, der Wind wehte so heftig, dass wir kaum gerade stehen konnten. Damit handelte es sich um perfekte Bedingungen für Teddys Test, weil Wind viele Hunde nervös machte. Aber nicht Ted! Er lag ganz ruhig da, während wir uns unterhielten, und ignorierte die anderen Hunde sowie die Menschen an der Imbissbude nebenan.

Später ging er brav bei Fuß und ließ geduldig zu, dass die Frau ihn untersuchte und ihm ins Maul schaute. Wie damals auch bei Monty und Penny machte die Testerin hinter ihm Lärm, um zu sehen, wie er reagierte. Es ist ganz wichtig, dass Therapiehunde nicht erschrecken oder in Panik geraten, wenn in der Nähe etwas herunterfällt. Und falls ihnen doch etwas Angst einjagt, müssen sie sich schnell wieder erholen. Bei Monty und Penny hatte man damals ein Metalltablett benutzt, dieses Mal ließ die Frau jedoch eine mit Steinchen gefüllte Dose fallen. Die war sogar noch lauter, sodass selbst ich zusammenfuhr. Ich wäre wieder durchgefallen, Teddy ignorierte die Sache aber ganz einfach.

Man bekam die Resultate des Tests nicht sofort, weil erst noch einiges an Papierkram erledigt werden musste. Der Brief traf dann kurz vor Weihnachten ein: Teddy hatte bestanden!

Daher rief ich sofort Andy bei *Canine Partners* an. »Ich wusste doch, dass er es schaffen würde!«, sagte der Geschäftsführer. Wir waren wirklich stolz.

Inzwischen war ich davon überzeugt, dass sich Teddy bei Besuchen in Krankenhäusern bestimmt vorbildlich benehmen würde, und so war es dann auch.

Weil ich ihm immer vorher erklärte, dass es in Ordnung war, sich jetzt streicheln zu lassen, verwechselte er seine beiden Rollen auch nie. Normalerweise wäre er unterwegs nämlich nie von sich aus auf Menschen zugegangen. Er wartete immer erst ab, bis er dazu aufgefordert wurde. Wenn jemand zu uns kam und fragte, ob er meinen Hund streicheln durfte, sagte ich zu Ted: »Na los, sag mal Hallo«, und erst dann ging er zu ihm hinüber.

Sobald ich ihm dazu die Erlaubnis gegeben hatte, ließ er sich allerdings auf jeden ein. Und ich freute mich, wenn er von Zeit zu Zeit die Gelegenheit hatte, sich auf den Rücken zu werfen, sich den Bauch kraulen zu lassen und einfach zu spielen, wie er es so gerne tat.

Teddy und ich haben auch einmal an einer Sitzung von *Dogs Helping Kids* teilgenommen. Diese Organisation hatte Tracey Berridge gegründet, die Lehrerin, bei der ich mit Teddy beim Welpentraining gewesen war. Tracey wollte damit Jugendlichen und Kindern aus schwierigen Verhältnissen die Möglichkeit geben, Zeit mit hoch qualifizierten, braven Hunden zu verbringen und so etwas über gewaltloses, freundliches Verhalten zu lernen.

Schirmherrin der Organisation war Autorin Gwen Bailey, deren Buch *Welpenschule* für mich beim Training mit Ted unverzichtbar gewesen war.

Tracey fragte bei mir an, ob ich Teddy nicht einmal

mitbringen könnte, um den Kindern zu zeigen, wobei ein Hund Menschen alles helfen konnte. Es handelte sich um Teenager, die es schwierig fanden, sich in einer normalen Schule zurechtzufinden und anzupassen.

Am Tag unserer Sitzung betrat ich mit Teddy zusammen einen Raum voll von sittsamen und gut erzogenen jungen Leuten.

Sie hingen geradezu an meinen Lippen, als ich ihnen alles über das Leben mit meinem Hund erzählte. Dann schlug Tracey vor, eine Situation im Supermarkt zu simulieren, bei der Teddy mir half. Die Jugendlichen spielten dabei die Verkäufer, und Ted legte eine perfekte Show hin.

Ich fragte mich, was der ganze Wirbel eigentlich sollte – das waren doch nette und artige Kinder. Da erklärte mir Tracey, dass die Truppe vor unserer Ankunft im Raum Amok gelaufen war und sie sie noch nie so ruhig und brav gesehen hatte wie bei uns.

Teddy und ich bildeten inzwischen so eine enge Einheit, dass er meine Wünsche schon kannte, bevor ich mir ihrer selbst bewusst war. Eines Tages ging ich mit ihm Gassi, da fing es auf einmal an, in Strömen zu regnen. Teddy lief neben mir, während ich auf meinem Elektromobil saß. Wenn ich damit unterwegs war, legte ich oft mein Handy in eine kleine Mulde am Lenker, das konnte allerdings herunterfallen, wenn ich über unebenes Gelände fuhr.

An jenem Tag war das Wetter so ungemütlich, dass ich eigentlich nur noch schnell nach Hause wollte. Ich hörte zwischendurch zwar ein kleines Plumpsen, konnte aber nichts entdecken, als ich mich umsah. Also dachte ich mir nichts dabei und fuhr weiter. Irgendwann bemerkte ich jedoch, dass Teddy nicht mehr an meiner Seite war. In einiger Entfernung hockte er hinter mir im Gras.

»Teddy, komm her!«, rief ich. Er schaute mich nur an und rührte sich nicht. »Na, komm, wir wollen nach Hause!« Ich fuhr ein kleines Stück weiter, aber er blieb immer noch zurück.

»Tut mir leid«, sagte ich, »aber wenn du dich so benimmst, muss ich dich anbinden.«

Ich kehrte zurück, um ihn anzuleinen, und machte mich dann mit ihm auf den Heimweg.

Als wir dort ankamen, sagte Peter zu mir: »Ich hab gerade versucht, dich anzurufen.«

»Ach, echt? Das hab ich gar nicht gehört.«

»Wo ist denn dein Handy?«

Ich warf einen Blick auf das Elektromobil. »Oh nein...«

Als ich die Strecke noch einmal mit Teddy ablief, sauste er im Affenzahn los, hob mein Handy auf und legte es mir in die Hand. *Hier, bitte sehr, ich hatte dir doch gesagt, dass du es verloren hast.* Das lehrte mich, von jetzt an auf ihn zu hören.

Etwas Ähnliches passierte im Supermarkt *Comet*. Ich wollte gerade zahlen, holte mein Portemonnaie heraus und gab es Teddy, der es für mich hinlegte. Dann wies mich die Angestellte jedoch darauf hin, dass es ein Problem mit der Kasse gab und ich deshalb in eine andere

Schlange wechseln musste. Also stellte ich mich woanders an, Teddy nahm mir jedoch plötzlich die Leine aus der Hand, lief zur alten Kasse herüber, holte meinen Geldbeutel und brachte ihn mir. Ich hatte gar nicht bemerkt, dass er dort liegen geblieben war. Die Angestellten kamen aus dem Staunen kaum heraus.

Aber Teddy war einfach fürs Helfen geboren.

Meine Beziehung zu ihm wurde enger und enger, und es war einfach eine große Freude, ihn bei uns zu haben. Irgendwann beschlossen Peter und ich, dass wir uns einen Wohnwagen zulegen würden, damit wir während der Rapssaison wegfahren konnten. Teddy liebte den Wohnwagen, wir brauchten bloß nach dem Wohnwagenschlüssel zu greifen, der in der Küche hing, schon rannte er aufgeregt zur Tür. Er war auf allen Campingplätzen willkommen, selbst dort, wo Hunde normalerweise verboten waren.

Für Teddy waren unsere Reisen eine Gelegenheit, seine Fähigkeiten noch zu erweitern. Ich fand es toll, mir immer neue Aufgaben für ihn auszudenken. Uns machten sie das Leben leichter, und für Teddy waren sie ein Riesenspaß.

Den Wohnwagen aufzustellen und später wieder straßenfertig zu machen, war für Peter immer viel Arbeit. So gern ich ihm auch zur Hand gegangen wäre, viel konnte ich durch meine Einschränkungen nicht machen. Deshalb beschloss ich, dass Teddy mir dabei vielleicht helfen könnte. Ich setzte mich auf einen Stuhl und hielt den

Wasserbehälter und den Mülleimer fest, während mein Hund die Schutzhüllen abzog. Wir hatten einen Riesenspaß zusammen. Manchmal war Ted mit solchem Feuereifer am Werk, dass er mich dabei fast vom Stuhl riss.

Ich brachte ihm auch bei, den Reißverschluss an meinem Schlafsack auf- und zuzumachen. So brauchte ich Peter nicht zu wecken, wenn ich nachts zur Toilette musste. Teddy lernte ebenfalls, im Wohnwagen die Schranktüren für mich zu öffnen und zu schließen.

Es macht mich traurig, wenn andere Leute seine Hilfe als Arbeit bezeichnen. Teddy langweilt sich schnell und ist immer dann am glücklichsten, wenn er etwas zu tun hat. Sobald ich ihn um irgendetwas bitte, springt er mit wedelndem Schwanz durch die Gegend. Für ihn ist das alles ein großes Spiel. Außerdem achte ich auch darauf, dass er jeden Tag Zeit hat, einfach nur herumzutollen und -zualbern. Wenn ich für ihn *Tea for two* singe, weiß er, dass er jetzt Pause hat und einfach nur ein ganz normaler Hund sein darf.

Ted hat immer Gelegenheit, zu spielen und Zeit mit seinen Freunden zu verbringen. Sein bester vierbeiniger Kumpel ist ein Jack Russell namens Toby – wir nennen die beiden Groß und Klein. Toby und sein Frauchen Jane haben wir kennengelernt, als sich einmal eine Gruppe im Regen auf die Suche nach einem entlaufenen Hund gemacht hat. Jane wurde schnell eine gute Freundin und war mir im Laufe der Jahre eine große Stütze. Eines Tages waren wir auf dem Tarka Trail unterwegs, als ein grauenhafter Sturm über uns hereinbrach. Zurück nach Hause war es ein langer Weg, deshalb schlug ich Jane vor, sich hinten auf das Elektromobil zu stellen, damit wir schneller vorankamen. So fuhren wir zusammen durch den waagerecht peitschenden Regen und kriegten uns vor Lachen kaum wieder ein. Von unserer Fröhlichkeit angesteckt, sprangen Ted und Toby neben uns her.

Seit diesem Tag nennen wir das Elektromobil auch »den Doppeldecker«. Wenn wir mit Jane und Toby spazieren waren, kuscheln sich unsere Hunde nachher oft gemeinsam in ein Körbchen.

Teddy hat in seinem Leben immer nur Liebe und Freundlichkeit erfahren. Er ist wirklich ein glücklicher Hund. Irgendwer hat mal zu mir gesagt: »Wenn ich als Hund wiedergeboren werde, hoffe ich wirklich, dass ich in einem Zuhause wie dem von Teddy lande.«

Das gehört zu den nettesten Komplimenten, die ich je bekommen habe.

Kapitel 28

Ein ganz neuer Anfang

Das Leben mit Teddy war ein großes Abenteuer und machte uns viel Freude. Allerdings gab es da immer noch einen Wermutstropfen: Meine Rapsallergie wurde nach und nach zur größten Hürde für ein erfülltes Leben. Sie war inzwischen lebensgefährlich geworden, sodass ich während der Rapssaison kaum noch aus dem Haus gehen konnte. Wenn ich einen Termin im Krankenhaus hatte, informierten mich Freunde im ganzen Land per Mail und SMS darüber, wo sie Rapsfelder gesehen hatten. Dann suchten Peter und ich eine sichere Route. Eins der Krankenhäuser, in dem ich behandelt wurde, war hundert Kilometer weit weg, und die längste Strecke fuhren wir zu den vierhundert Kilometer entfernten Kliniken in London. Deshalb kam es durchaus vor, dass wir über tausend Kilometer in der Woche zurücklegten, manchmal über tausendsechshundert im Monat.

Die ganzen Termine waren ohnehin schon furchtbar anstrengend, da hatte uns die Sache mit dem Raps gerade noch gefehlt. Unsere Urlaubsplanungen waren wie die Vorbereitung auf einen Militärfeldzug. Eine Freundin schlug uns vor, doch ins Ausland zu fahren. Sie verbrachte oft die Ferien in Frankreich und empfahl eine Gegend, in der kein Raps wuchs. Weil da Pferde gezüchtet wurden, gab es mehr Weide- als Ackerland. Außerdem war von Vorteil, dass die Rapsblüte dort genau dann endete, wenn sie bei uns losging.

Wenn wir sorgfältig planten, konnten wir die Saison damit vielleicht komplett umgehen.

Von *Canine Partners* aus war man damit einverstanden, dass Teddy mit uns ins Ausland verreiste. Wir würden Campingplätze anfahren, und da Teddy den Wohnwagen liebte, wussten wir, dass er sich auch in Frankreich ganz zu Hause fühlen würde. Vorher ließen wir ihn jedoch noch gegen Tollwut impfen und warteten ab, bis sein Bluttest zeigte, dass er dagegen auch wirklich immun war. Dieser Test war zwar nicht vorgeschrieben, bei *Canine Partners* war man aber immer sehr gründlich. Wir informierten uns darüber, wo es auf unserer Route durch Frankreich Tierärzte gab, die Englisch sprachen, und planten Zwischenstopps in der Nähe ihrer Praxen.

Unser Aufenthalt in Frankreich dauerte sechs Wochen und war absolut wunderbar. Wir verbrachten die Zeit im *Domaine du Roc* in der Bretagne, direkt neben einem von Bäumen gesäumten Kanal. Ich kann meine Haut nicht sengender Sonne aussetzen, und Teddy mag es auch nicht zu heiß, deshalb war der Schatten dort unter den Bäumen ideal. Auf dem Campingplatz und in den Orten, die wir besuchten, war unser Hund übrigens ein absoluter Publikumsmagnet.

Wir fanden einen Strand in der Nähe und schlossen

jede Menge Freundschaften. Die meiste Zeit verbrachten wir damit, am Kanal zu entspannen oder Bekannte in der Nähe des Campingplatzes zu besuchen. Weder Peter noch ich sprechen besonders gut Französisch, die Leute waren zu unserer Überraschung aber unglaublich freundlich, wenn wir unser Bestes gaben. So entspannt wie in Frankreich war ich noch nie gewesen.

An warmen Tagen gingen wir morgens früh spazieren, bevor es für Teddy zu heiß wurde, und verbrachten dann den ganzen Tag im Kühlen unter den Bäumen. Tagsüber saßen wir am Kanal und abends dann in Cafés. Es war absolut himmlisch, und ich musste mir zum ersten Mal seit langer Zeit keine Sorgen mehr über meine Rapsallergie machen. Wir begannen, ernsthaft zu überlegen, vielleicht auf Dauer nach Frankreich zu ziehen. Peter besuchte mehrere Büros der Touristeninformation und sprach mit Bauern, um sich nach Gegenden zu erkundigen, in denen kein Raps angebaut wurde. Statt zwischen den beiden Ländern hin- und herzupendeln, wäre es doch viel sinnvoller, sich irgendwo anzusiedeln, wo es überhaupt keinen Raps gab. Das wäre viel sicherer, außerdem gab es hier in nur fünfzig Kilometern Entfernung ein Krankenhaus, in dem EB-Patienten behandelt wurden.

Die Sache hatte nur einen einzigen Haken: Teddy würde nicht mit uns umziehen können. So eng meine Beziehung zu meinem Assistenzhund auch war, er gehörte *Canine Partners*, nicht mir.

Einerseits konnte ich mit ihm nicht das Land verlassen, andererseits würde ich auf keinen Fall einfach wegziehen und ihn aufgeben. Nein, da blieb ich doch lieber in England und riskierte die Folgen der Rapsblüte.

Für ihn würde es schwierig werden, sich an ein neues Zuhause zu gewöhnen, aber ich dachte ehrlich gesagt auch an mich. Ich hatte ihn schließlich rund um die Uhr an meiner Seite gehabt, seit er gerade einmal neun Wochen alt gewesen war. Es hätte mir das Herz gebrochen. Man merkt wirklich, wie viel einem sein Hund bedeutet, wenn man lieber sein Leben aufs Spiel setzt, als sich von ihm zu trennen.

Nach dem Abschied von alten und neuen Freunden verließen wir Frankreich, und ich hörte bei meiner Rückkehr viele Bemerkungen darüber, wie gut ich doch aussah. Das hielt allerdings nicht lange an.

Die Heimkehr war so ermüdend, weil uns schnell wieder die alten Sorgen plagten: Wir wussten, dass wir das Land zur Rapsblüte erneut verlassen mussten, aber was, wenn ich für eine Reise zu krank war? Die Wochen in Frankreich hatten uns einen Vorgeschmack auf eine sorgenfreie Zeit geboten, und danach war die Rückkehr nach Hause nur umso schwerer.

Ein paar Monate nach unserer Heimkehr zerbrach ich mir bereits wegen des nächsten Frühlings den Kopf, und jeder Schritt war schwer wie Blei. Man hatte mich gewarnt, dass die nächsten Blasen in meinem Hals schwerwiegende Folgen haben könnten, und mich quälte der Gedanke, wie nah und doch unerreichbar die Lösung war.

Peter schlug vor, mit meiner EB-Schwester zu sprechen

und sie um ihre Meinung zu bitten. *DEBRA*, eine Hilfs-organisation zur Unterstützung von *Epidermolysis-bullosa*-Patienten, wies jedem eine eigene Krankenschwester zu, die absolut Gold wert war. Natürlich versuchten wir Patienten, so viel wie möglich selbst hinzubekommen. In schwierigen Fällen war es jedoch ein wahrer Segen, für Gespräche mit Ärzten jemanden als Vermittler zu haben, der die Krankheit so gut verstand wie man selbst.

Die Pflegerinnen kamen mit zu Terminen und unterstützten uns Kranke, wenn wir Hilfe brauchten. Ich war etwa dreißig, als dieses System eingeführt wurde, und weiß noch ganz genau, wie schwierig alles vor dieser Zeit war. Damals hatte es eben noch niemanden gegeben, den man um Rat fragen konnte.

Wir hatten mit unseren Schwestern immer Glück, jede einzelne von ihnen war liebevoll und fürsorglich.

Meine Krankenschwester zu diesem Zeitpunkt war da keine Ausnahme, und ich schüttete der wunderbaren Frau namens Jenny mein Herz aus. Es wunderte sie nicht, dass wir das ewige Hin und Her leid waren und uns nach einem Ort sehnten, an dem wir uns dauerhaft niederlassen konnten. Sie schlug vor, einfach einmal mit *Canine Partners* zu sprechen, um zu sehen, ob die Organisation uns vielleicht irgendwie helfen konnte. Dafür wollte Jenny auch gerne selbst in einem Brief unsere Situation schildern und bei *Canine Partners* ein gutes Wort für uns einlegen.

Es war uns nie in den Sinn gekommen, *Canine Partners* zu fragen, ob Teddy mit uns umziehen durfte. Am nächsten Tag schrieb ich Andy Cook eine E-Mail, und dann fuhren wir auch persönlich zur Zentrale in Sussex, um mit ihm zu sprechen. Andy war wirklich toll. Er hatte für all unsere Probleme immer eine Lösung gefunden, daher war ich mir sicher, dass er auch dieses Mal wieder sein Bestes geben würde.

Tatsächlich setzte er sich erneut für Teddy und mich ein, nachdem er Jennys Brief gelesen hatte. Sie hatte in ihrem Schreiben erklärt, dass Teddy und ich wohl nicht ohneeinander leben könnten. Und da wurde mir erst klar, wie eng unsere Bindung wirklich war. Schließlich hatte Jenny mit der Welt der Assistenzhunde überhaupt nichts zu tun, aber selbst sie konnte sehen, was Teddy und ich einander bedeuteten.

Wir sprachen darüber, wie ein Umzug zusammen mit Teddy wohl aussehen könnte. Es würde festgelegt werden, wo wir leben durften, und man würde uns weiterhin zweimal im Jahr überprüfen, entweder in Frankreich oder in der Zentrale. Wir würden die Kosten für die Anreise übernehmen, und der Ort war uns eigentlich egal, da wir ja ohnehin regelmäßig unsere Familien in England besuchen würden.

Andererseits würden wir in Frankreich auch genug Platz für Übernachtungsgäste haben, wir hofften nämlich auf viel Besuch, weil wir unser Glück so gerne mit anderen teilen wollten.

Andy versprach, dass er bei der nächsten Sitzung mit den Treuhändern über unsere Situation sprechen würde.

Am nächsten Tag rief er mich direkt an. »Also, Sie waren bei uns die Erste mit zwei Hunden gleichzeitig und die erste Welpenmutter und Hundepartnerin in Personalunion. Jetzt sieht es so aus, als würden Sie wohl auch als Erste mit einem unserer Hunde im Ausland leben.«

Wir konnten es kaum glauben, da schien für uns ein Traum wahr zu werden! Unseren Bungalow wurden wir auf dem Immobilienmarkt erstaunlich schnell los, wir verkauften unseren ganzen Besitz und bereiteten uns auf den Umzug vor. Es war wirklich aufregend, ein ganz neuer Anfang.

Geplant war unsere Übersiedlung für Februar 2014, aber im Januar bat man Ted und mich noch, an der Great Torrington Senior School über EB zu sprechen. Da es an dieser Schule vier Häuser gab, sollte ich ganze viermal kommen und meinen Vortrag halten. Beim ersten Mal war ich furchtbar aufgeregt. Ich war inzwischen nämlich daran gewöhnt, über Teddy zu reden, aber nicht über meine Krankheit. Es ist gar nicht so einfach, die Folgen von EB zu schildern, ohne die Leute dabei zu schockieren. Immerhin beeinträchtigt mich mein Leiden jeden einzelnen Augenblick meines Lebens, das geht sogar schon morgens los, bevor ich aufstehe.

Wenn ich abends einmal vergesse, mir die Augen einzucremen, kleben die Lider am nächsten Tag an den Augäpfeln fest, und das ist äußerst schmerzhaft.

Eine Wimper im Auge ist ja schon schlimm genug, wenn man aber die Hornhaut wegreißen muss, ist das absolut grauenhaft. Es kann bedeuten, dass man tagelang mit einem Verband vor den Augen in einem abgedunkelten Raum sitzen muss, um zu verhindern, dass sich die Lider bewegen und noch mehr Schaden anrichten.

Und es kann mir auch durchaus passieren, dass ich mir selbst Haut abreiße, wenn ich Kleidung oder Schuhe anziehe. Beim Zähneputzen beschädigt man das Zahnfleisch, und Essen ist ein Albtraum.

Ich wusste nun wirklich nicht, wie ich all das vor einer riesigen Gruppe von Schülern schildern sollte.

Als der Tag dann gekommen war, fiel es mir schwer, noch vor dem Morgengrauen aufzustehen und vor Schulbeginn mit Teddy Gassi zu gehen. Wir frühstückten um sechs Uhr, gingen um halb acht spazieren und machten uns dann auf den Weg. Ich hätte mir wirklich keine Sorgen zu machen brauchen. Als mich die Mitarbeiter der Schule ganz herzlich willkommen hießen, fiel langsam die Anspannung von mir ab. Dann zeigte man den Kindern zunächst eine DVD der *Spotlight*-Sendung der *BBC* über Teddy und mich. Ich erklärte den Schülern, dass Ted den Unterschied zwischen Arbeit und Freizeit genau kannte und er spielen durfte, wenn er seine Weste nicht trug. Der Vortrag lief wirklich super.

Am letzten Morgen nahmen wir ein Spielzeug für Teddy mit, und nach dem Ende der offiziellen Sitzung fragte einer der Lehrer, ob vielleicht ein paar der Kinder dableiben und mit ihm spielen wollten.

Mehrere Schüler und Lehrer meldeten sich, daher nahmen wir Teddy die Weste ab und gaben ihm das Spielzeug. Begeistert tollte er mit den Kindern herum, und es hatten alle viel Spaß.

Dann fragten uns die Lehrer, ob wir vielleicht in Erwägung ziehen würden, vor anderen Gruppen und ein paar Vereinen zu sprechen. Dazu erklärten wir uns gerne bereit, auch wenn unsere Zeit wegen des Umzugs leider beschränkt war. Aber wir empfanden es als große Ehre.

Als Erstes besuchten wir den *Rotary Club* in Torrington, wo wir nach einem köstlichen Mittagessen über EB sprachen. Natürlich war es etwas ganz anderes, mit Erwachsenen über meine Krankheit zu reden. Ich glaube, die Mitglieder waren ziemlich mitgenommen, als sie begriffen, wie schwierig das Leben mit EB sein konnte. Noch schockierter waren sie allerdings, als ich erklärte, dass viele Kinder mit derselben Krankheit nicht alt werden und dass ihnen während ihres kurzen Lebens kaum intakte Haut ohne Verletzungen oder Blasen bleibt. Solche Kinder sterben oft deshalb jung, weil sie nicht genug Nahrung aufnehmen können. Die Überlebenden leiden an ständigen Schmerzen. Für sie ist das Wechseln der Verbände eine Qual, es ist aber auch furchtbar für die Eltern, die darüber hinaus ständig Blasen aufstechen müssen. Diese Blasen werden nämlich immer größer und bedecken irgendwann den ganzen Körper, wenn man sie nicht eindämmt. In vielerlei Hinsicht hatte ich wirklich großes Glück.

Die nächste Neuigkeit: Teddy sollte bei der *BBC*-Sendung *Animal Saints and Sinners* mitmachen, einer Dokumentation über Tiere mit außergewöhnlichen Fähigkeiten. Zum Glück gehörte er ja eindeutig zu den Heiligen des Tierreichs!

Die Filmcrew besuchte uns direkt vor unserem Umzug nach Frankreich, es passierte auf einmal so viel in so kurzer Zeit! Aber während dieser aufregenden Tage blieb doch ständig ein beunruhigender Gedanke im Hinterkopf.

Sprechen und Schlucken fielen mir mittlerweile immer schwerer. Die Vorträge waren für mich wirklich anstrengend gewesen, aber ich hatte niemanden enttäuschen wollen und deshalb einfach weitergemacht. Tatsächlich wurde es mit meiner Kehle aber immer schlimmer.

Die *BBC* nahm uns am Tag vor unserem Umzug nach Frankreich auf. Die Zeit mit dem Filmteam war großartig, und ich war sehr stolz auf Teddy. Wie immer in Höchstform, machte er alles in einem Affenzahn – leider war er damit für die Kamera viel zu schnell, und ich musste ihn bitten, seine Aufgaben doch langsamer zu erledigen.

Als man mich für die Sendung interviewte, musste ich mir endlich eingestehen, wie schwierig das Sprechen für mich inzwischen geworden war. Ich wollte alles geben, am Ende des Tages war ich jedoch fix und fertig.

Wir hatten meine Krankenakte ins Französische übersetzen lassen, und ich hoffte, dass wir nach dem Umzug so schnell wie möglich einen Termin bei den französischen Ärzten bekommen konnten, auf die ich so gerne vertrauen wollte.

Aber nur Tage nach der Überfahrt wurde es mit meinem Hals so schlimm, dass es einfach nicht mehr ging. Man hatte uns im französischen Krankenhaus keinen Termin gegeben, und ich wollte nur ungern gleich beim ersten Mal wegen eines Notfalls dort erscheinen. Daher beschlossen wir, nach England zurückzufahren und meinen Facharzt in London aufzusuchen.

Mir ging es bei unserer Rückkehr so schlecht, dass meine Freundin Jane mir helfen musste, die Fähre zu buchen. Den restlichen Umzug bliesen wir ab, bis wir wussten, wie es um meinen Hals bestellt war. Jane fand für uns einen Bungalow in North Devon, und wir verschoben alle weiteren Entscheidungen auf die Zeit nach dem Arztbesuch in London. Leider warteten keine guten Nachrichten auf uns. Ehrlich gesagt hatte ich diese Diagnose schon lange befürchtet.

Kapitel 29

Ein unlösbares Dilemma

Der Spezialist in London wollte mich operieren. Meine Kehle wurde immer enger und schmaler, sodass sie inzwischen nur noch fünf oder sechs Millimeter weit war – normal sind für eine Speiseröhre dreißig Millimeter.

Eine weitere Verengung konnte nur eine Operation stoppen. Die Ärzte hatten mir schon seit der OP nach dem Curryvorfall im Jahr 1970 immer wieder gesagt, dass sie früher oder später noch einmal würden operieren müssen. Aber der Eingriff war damals derart grauenhaft gewesen, dass ich mir geschworen hatte, so etwas nie wieder durchzumachen. Deshalb hatte ich alles getan, um eine weitere Operation zu vermeiden. Jetzt musste ich mich allerdings den Fakten stellen: Meine Kehle verengte sich immer mehr, und das konnte für mich tödlich enden.

Diese Operation machte mir im Leben mehr Angst als alles andere, und es kam mir so vor, als hätte sie sich hinter mir aufgetürmt wie ein riesiger Berg, der immer größer wurde. Mittlerweile überragte er mich finster, und in meinem Kopf war für nichts anderes mehr Platz.

Deshalb erklärte ich meinem Arzt in London, dass ich mich der OP einfach nicht stellen konnte, und wenn es mich das Leben kosten sollte. Er versicherte mir, dass sich seit 1970 viel getan hatte und die ganze Prozedur dieses Mal nicht so schmerzhaft sein würde. Trotzdem konnte ich den Gedanken nicht ertragen.

Wir suchten einen Spezialisten in Exeter auf, der mir erklärte, dass es sich schon unter normalen Umständen um eine schwierige Operation handelte, und bei einer Person mit EB erst recht. Der riskante Eingriff könnte für mich tödlich enden. Hinzu kamen bei mir noch die Komplikationen durch die Luftröhrenkrämpfe, bei denen sich meine Kehle schloss, wenn ich weinte oder nachts zu atmen aufhörte. Jahre zuvor hatte ich einmal die Tränen nicht zurückhalten können und dann mit blockierter Kehle zehn Tage im Krankenhaus am Tropf gelegen.

Der Facharzt erklärte, dass bei der OP Muskeln geschädigt wurden und die Krämpfe dadurch sogar noch schlimmer werden konnten. Er empfahl mir, abzuwarten und so lange wie möglich ohne den Eingriff durchzuhalten.

Leider wurde es immer schlimmer, und irgendwann konnte ich nicht mehr ohne Probleme essen, sprechen oder atmen. Ich musste mir eingestehen, dass ich wohl sterben würde, wenn ich so weitermachte. Es war ein unlösbares Dilemma.

Für mich war das eine sehr schwierige Zeit. Den Umzug nach Frankreich hatten wir erst einmal auf Eis gelegt. Aber leider hatten wir dafür ja unseren ganzen Besitz veräußert und mussten jetzt alles neu kaufen. Weil wir zur

Miete wohnten, konnte Teddy so viele Sachen nicht mehr übernehmen: Er konnte keine Türen für mich aufmachen und auch die Waschmaschine nicht mit der Schnauze öffnen, denn die gehörte uns ja nicht. Wir konnten nicht einmal einen Notfallknopf installieren, also musste Peter wieder nachts wach bleiben.

Inzwischen fiel mir das Schlucken so schwer, dass ich nur noch Brei und Krankenhausnahrung zu mir nehmen konnte. Mir fehlte Energie, und ich kam auch nicht zur Ruhe, weil mein Atem jede Nacht mehrmals aussetzte.

Da ich Schwierigkeiten beim Sprechen hatte, telefonierte ich nie lange und besuchte einen Logopäden, bei dem ich lernte, die Kehle durch lautloses Kichern zu weiten. Das würde nicht ausreichen, um mich am Leben zu erhalten, aber wenigstens war ich so nicht untätig. Eine Entscheidung hatte ich aber immer noch nicht gefällt.

Ich hatte immer gesagt, dass ich lieber sterben würde, als die Operation noch einmal über mich ergehen zu lassen. Allerdings hatte ich damals nicht damit gerechnet, dass ich einen Hund wie Ted haben würde, der mich genauso brauchte wie ich ihn. Am Ende traf er dann sozusagen die Entscheidung für mich. Familien kamen über einen Todesfall hinweg, weil die Welt sich weiterdrehte und Menschen sich anpassten. Ted war von seiner neunten Woche an aber nicht ein einziges Mal von mir getrennt gewesen, und sein Leben würde ohne mich völlig aus den Fugen geraten. Menschen verstanden den Tod und machten damit ihren Frieden, Tiere jedoch nicht. Sie starben oft selbst kurz nach ihrem Herrchen oder Frauchen.

Eins war mir klar: Wenn ich von ihm ging, würde Teddy bis an sein Lebensende nach mir suchen. Niemand wäre dazu in der Lage, ihm zu erklären, dass ich nicht wiederkommen würde. Ich hatte doch selbst mit angesehen, wie Monty nach Pennys Tod gelitten hatte und Teddy nach dem Verlust von Monty.

Und deshalb würde ich um seinetwillen alles in meiner Macht Stehende tun, um am Leben zu bleiben. Natürlich hatte ich Bedenken, dass Teddy ja noch weniger Zeit mit mir bleiben würde, wenn ich die OP nicht überstand. Aber im Moment sah es ja ohnehin so aus, als würde er mich überleben, schließlich blieben ihm womöglich noch gute sechs Jahre.

Letztlich, so wurde mir irgendwann klar, bereitete mir Teddys Schicksal viel mehr Sorgen als mein eigenes. Und deshalb sagte ich meinem Arzt Bescheid, dass ich für die Operation bereit war.

Als Termin für den Eingriff legte man dann den achtzehnten April 2015 fest. Ich war ganz starr vor Angst und fühlte mich, als wäre das mein Todesurteil. Deshalb bereitete ich Peter auf ein Leben ohne mich vor. Ich hinterließ detaillierte Anweisungen dafür, wie Teddy versorgt werden sollte, wenn ich es nicht schaffte. Darin beschrieb ich seine kleinen Macken und Ticks, die Lieder, die ich immer sang, wenn der Moment fürs Spielen und Albernsein gekommen war. Ich notierte sein Lieblingsessen und die Menschen, die er gernhatte. Offiziell gehörte Teddy zwar *Canine Partners*, Peter wollte im Notfall jedoch versuchen, ihn zu behalten, damit er sich nicht an ein neues Zuhause gewöhnen musste.

Und während dieser ganzen Zeit wachte Teddy über mich, versuchte mich aufzumuntern, brachte mir Spielzeug und wedelte mit dem Schwanz. Er wusste, dass ich bedrückt war – allerdings hatte er keine Ahnung, warum.

An dem Tag, an dem wir nach London fahren würden, wachte ich morgens früh auf und wollte einen Rückzieher machen. Das würde ich einfach nicht durchstehen. Als ich draußen allein eine Runde drehen wollte, um in Ruhe über alles nachzudenken, wollte Teddy natürlich mit. Ich ließ mich aufs Bett fallen und vergrub den Kopf in seinem Fell.

Mir blieb keine Wahl. Ich würde Ted und Peter zurücklassen, wenn die OP schiefging, aber eben auch dann, wenn ich sie abbliese. Teddy stupste mich immer wieder mit der Schnauze an und leckte mir die Hand. *Alles klar bei dir, Mum? Was ist denn los?*

Ich schmuste mit ihm und flüsterte: »Ich schaff das einfach nicht, Ted. Es tut mir so leid, aber ich kann das nicht für dich tun.«

Es kommt schon alles wieder in Ordnung. Ich bin ja hier.

»Das verstehst du nicht, Teddy, diese Sache könnte mich das Leben kosten. Ich könnte dabei sterben.«

Ich umarmte ihn und vergrub die Hände in seinem zauberhaften goldenen Fell. Das war die schwierigste Entscheidung meines Lebens, aber am Ende versprach ich Teddy dann, dass ich es durchziehen würde. Ich musste es um seinetwillen wenigstens versuchen.

Wir packten das Auto und machten uns auf den Weg nach London. Mir kam es so vor, als würde meine Welt hier gerade ins Schleudern geraten – dabei wünschte ich mir doch nur, sie würde wieder stillstehen. Wir versuchten, die Abläufe für Teddy so normal wie möglich zu gestalten, und hielten unterwegs an unseren typischen Plätzen. Tief in mir sah es jedoch finster aus.

Dann kamen wir im St. Thomas' in London an und bezogen unser übliches Zimmer in der Angehörigenunterkunft neben dem Hauptgebäude der Klinik. Hier würde ich während der Tests vor dem Eingriff wohnen, später würde ich dann auf der Station liegen müssen.

Als Erstes ging ich mit Teddy hinaus in den Park, wo ich mehrere Hunde und ihre Herrchen kannte, die dort täglich spazieren gingen. Lächelnd unterhielt ich mich mit ihnen, sie hatten jedoch keine Ahnung, was hinter meiner Stirn wirklich vor sich ging. Das war jetzt der letzte Ort auf Erden, an dem ich gerne sein wollte. Am liebsten wäre ich einfach davongerannt.

Teddy spürte natürlich, wie aufgewühlt ich war, und wollte ständig mit mir kuscheln. Nach den präoperativen Untersuchungen gingen wir mit ihm in den Green Park, wo viele Leute stehen blieben und uns ansprachen. Kinder schüttelten Ted die Pfote, und er beobachtete Eichhörnchen und Enten. Alles war so klar und deutlich geworden. Zu deutlich.

Als dann der Tag der Operation anbrach, war ich deprimiert und hatte so furchtbare Angst wie noch nie in meinem Leben. Teddy hatte mich geweckt und mir meine

Hausschuhe gebracht. Er holte dann auch seine Leine: *Na komm, lass uns Gassi gehen, das muntert dich sicher auf.*

Wie im Traum wandelte ich durch den Park. Dabei sah ich, wie Menschen die Lippen bewegten, konnte aber nicht hören, was sie da sagten. Das war vielleicht mein letzter Spaziergang zusammen mit Ted und Peter. Und die ganze Zeit drängte sich mir dabei die Frage auf, wie die beiden bloß ohne mich klarkommen würden.

Während der Vorbereitungen der OP hatte ich Teddy zum Gespräch mit dem Chirurgen mitgenommen. Als es jetzt so weit war, machte ich mir jedoch solche Sorgen um ihn, dass ich ihn lieber zusammen mit Peter in der Unterkunft ließ.

Deshalb verabschiedete ich mich fröhlich von ihm und erklärte, dass ich bald zurückkommen würde. Trotzdem versuchte mein Hund, mir zu folgen. Peter lockte ihn mit Leckerlis, aber er zerrte weiter an der Leine und wollte zu mir. Irgendwann machte ich einfach die Tür zu, während sich in meinem Magen alles drehte. Tränen strömten mir übers Gesicht, und ich konnte Teddy weinen hören.

Wieder einmal hätte ich beinahe kehrtgemacht, aber dann dachte ich daran, wie Peter und Teddy bloß ohne mich weitermachen sollten. Und dann fiel mir auch wieder ein, dass Annette ja auf mich wartete, meine neue EB-Schwester, die mich zum Eingriff begleiten sollte. Sie war so nett, und ich wollte sie nun wirklich nicht beunruhigen, deshalb ging ich irgendwann zu ihr hinüber. Sie versicherte mir, dass sie während der ganzen OP bei mir bleiben würde und später im Aufwachraum dann Peter und Teddy auf mich warten würden.

»Aber ich kann das einfach nicht, Annette«, stöhnte ich. »Dafür hab ich nicht den Schneid. Ich bin einfach kein mutiger Mensch.«

»Mutig sind doch nicht diejenigen, die keine Angst haben«, entgegnete sie. »Wirklichen Mut haben die, die vor Angst ganz starr sind und die Sache trotzdem durchziehen.«

Dennoch kam ich mir nicht mutig vor, überhaupt nicht. Selbst als ich schon auf dem OP-Tisch lag und alles vorbereitet wurde, sagte ich immer noch: »Ich kann das nicht.« Ich wollte nur noch zu Teddy zurücklaufen und das Gesicht in seinem Fell vergraben. Irgendwann machte ich mir dann Vorwürfe, weil ich weder Peter noch Ted gesagt hatte, wie sehr ich sie liebte. Schließlich wurde mir ganz furchtbar warm. Die Hitze war unerträglich, und dann schwebte alles davon.

Als ich wieder zu mir kam, wurde ich gerade von Kopf bis Fuß abgeschleckt. Ted leckte jedes Fitzelchen Haut ab, das er erreichen konnte, winselte und versuchte, auf mein Bett zu springen. Wie von Annette versprochen, hatten Peter und mein Hund im Aufwachraum auf mich gewartet. Und der gute alte Teddy versuchte jetzt einfach alles, um mich irgendwie aufzumuntern.

Ich hatte es geschafft, ich hatte überlebt! Wieder einmal hatte Ted mir das Leben gerettet.

Später erzählte mir Peter, dass Ted und er dabei zugesehen hatten, wie man mich aus dem Operationssaal geschoben hatte. Ich hatte wohl versucht, dem Chirurgen die Tür aufzuhalten.

»Daran erinnere ich mich gar nicht mehr«, sagte ich.

»Na ja, du konntest doch noch nie gut untätig sein, oder?«, lächelte er. Offenbar war Teddy völlig durchgedreht und hatte versucht, irgendwie zu mir zu kommen – Peter hatte ihn zurückhalten müssen.

Später setzten die Schmerzen ein: Sie waren einfach unvorstellbar, als sei mein Hals mit Glassplittern gespickt. Aber ich hatte überlebt. Mein Sohn Robert war mit seiner Frau Samantha bereits unterwegs, als Erste besuchte mich am Abend jedoch meine Tochter Rhiannon mit ihrem Partner. Als sie gerade bei mir war, kam ein Krankenpfleger herein und wollte Ted hinausschicken.

»Es tut mir leid«, sagte er, »aber der Hund kann nun wirklich nicht hierbleiben. Ihr Ehemann schon, aber Tiere sind hier nicht erlaubt.« Ich war entsetzt.

Da drehte sich Rhiannon zu ihm um. »Hören Sie mal«, sagte sie, »eins kann ich Ihnen garantieren: Wenn Sie meiner Mutter den Hund wegnehmen, dann entlässt sie sich innerhalb von zwei Sekunden selbst. Sie wird mit Sicherheit nicht ohne Ted hierbleiben, der folgt ihr nämlich auf Schritt und Tritt.«

Der Pfleger sah erst Rhiannon, dann mich und Peter an. »Da muss ich wohl noch mal nachfragen«, sagte er schließlich und verließ den Raum.

Ein paar Minuten später kehrte er zurück und er-

klärte, dass Ted bleiben durfte, solange er nicht herum-
sprang und niemanden biss. Ich war wirklich froh über
Rhiannons Eingreifen, und später am Abend zeigte sich,
wie richtig es gewesen war, Ted bei mir zu lassen.

Meine Kehle fühlte sich ganz furchtbar an, sie war ge-
schwollen und blutig. Wenn ich es mit Schlucken probierte, lief mir das Wasser stattdessen aus den Mundwin-
keln.

Nach der Weitung der Speiseröhre sammelten sich Gewebereste unten im Hals und erschwerten mir das Atmen,
sodass ich nicht schlafen konnte. Das Material verur-
sachte ein gurgelndes Geräusch, aber wenn ich zu husten
versuchte, schien es mir den Hals zu zerreißen.

Da ich sowieso nicht schlafen konnte, überließ ich
Peter das Bett und ließ mich auf einem Stuhl in der Ecke
nieder. In den frühen Morgenstunden setzte dann irgendwann meine Atmung aus, weil Gewebereste stecken blieben.

Ich konnte den schlafenden Peter nicht rufen, und der
Notfallschalter war zu weit weg – weil der Tropf im Weg
war, konnte ich ihn nicht erreichen. Langsam stieg Panik
in mir auf, aber da bellte Teddy einmal laut. Beim zweiten Bellen wachte Peter auf, drückte den Knopf und beruhigte Ted.

Ich habe mich in meinem ganzen Leben noch nie so
sicher gefühlt wie in diesem Moment, weil ich genau
wusste, dass mein Hund mich niemals enttäuschen würde.
Er hielt mein Leben in den Pfoten, und es gab niemanden, dem ich mehr vertraute.

Nachwort

Mein Leben in seinen Pfoten

Die Operation war ein Erfolg und hat meine Kehle bis auf zwölf Millimeter geweitet. Das ist weiterhin nur halb so viel wie bei den meisten Menschen – aber man konnte das wuchernde Gewebe zurückdrängen. Zum Teil hat der Facharzt aus Exeter allerdings recht behalten: Meine Muskeln waren nach dem Eingriff tatsächlich völlig untrainiert, und es dauerte über vier Wochen, bis ich auch nur Flüssigkeit schlucken konnte, ohne das Gefühl zu haben, dass ich erstickte. Insgesamt brauchte ich Monate, um mich von der OP wieder völlig zu erholen. In dieser Zeit lebte ich von flüssiger Krankenhausnahrung, und selbst die bekam ich nur schwer herunter.

Die Haut in meiner Speiseröhre wird nie völlig normal sein. Ich muss immer noch den Großteil meiner Nahrung pürieren, und Schlucken sowie Sprechen sind weiterhin schmerzhaft. Aber insgesamt geht es meinem Hals viel besser als vor dem Eingriff, und ich kann nur hoffen, dass sich dieser Zustand hält. Die Ärzte haben mich schon vorgewarnt, dass durchaus noch einmal so eine Operation nötig sein könnte – aber ich weiß nicht, ob ich die durchstehen würde.

Und das habe ich auch Annette anvertraut: »Nachdem ich jetzt weiß, welche Schmerzen das alles mit sich bringt, würde ich das wahrscheinlich nicht einmal um Teddys willen noch mal mitmachen.«

»Na, dann hoffen wir mal, dass der Effekt anhält«, lautete ihre Antwort.

Trotzdem hat mich die Operation verändert, merkwürdigerweise hat sie mein Selbstbewusstsein gestärkt.

Schließlich habe ich mich meiner größten Angst gestellt. Mir wurde gesagt, dass ich dabei vielleicht sterben könnte, und dennoch habe ich es gemacht – und wie sich das anfühlt, kann ich kaum beschreiben. Wenn ich unterwegs bin, sehe ich jeden Vogel, jeden Baum mit ganz neuen Augen. Zeit ist mit einem Mal so wertvoll geworden. Alles ist wertvoll.

Inzwischen geht es mir wieder gut, und es sagen auch alle, dass ich wirklich besser aussehe. Ich muss einfach jeden Tag so nehmen, wie er kommt, und das habe ich im Prinzip ja immer schon so gemacht.

Ehrlich gesagt, kann ich mir ein Leben ohne EB auch gar nicht vorstellen. Von Zeit zu Zeit erlaube ich mir den Gedanken daran, was ich wohl tun würde, wenn ich ganz normale Haut hätte. Dann überlege ich: *Mein Gott, ohne die Krankheit könnte ich ja eigentlich alles machen. Ich könnte Ski fahren oder schwimmen gehen. Ich könnte einen Tauchkurs machen, Hockey spielen oder Krocket. Ich könnte tun, was ich wollte.* So eine Freiheit ist für mich unvorstellbar.

In gewisser Hinsicht ist es gut, dass ich schon von Geburt an EB habe, weil ich ein Leben ohne diese Krankheit einfach nicht kenne. Trotzdem habe ich natürlich Wünsche und Träume.

Manche Leute sagen, dass EB mit dem Alter besser wird. Es gibt keine Verbesserung in medizinischer Hinsicht – man hat eben einen Gendefekt, und das wird sich auch nie ändern. Aber man lernt, besser damit umzugehen, weil man irgendwann weiß, was man tun kann und was nicht. Und ab einem gewissen Punkt kann man das Ausmaß des Schadens dann in Maßen kontrollieren.

Ich reite inzwischen nicht mehr, weil ich begriffen habe, dass es einfach keine gute Idee ist. Aber wenn ich könnte, würde man mich kaum vom Pferd herunterkriegen. Am liebsten würde ich mit Peter und Teddy in einem Stall leben und selbst die Mahlzeiten im Sattel zu mir nehmen. Aber man lernt eben, sich anzupassen.

Ich habe nicht aufgegeben und mache immer noch Dinge, die ich mir in den Kopf setze. Aber die müssen es auch wert sein. Wenn ich nach draußen gehe und im Garten arbeite, dann tun mir nachher eben die Hände weh. Ich weiß genau, dass sich dann Blasen bilden. Je älter man wird, desto klarer sieht man, was zu den wichtigen Dingen gehört, wo der Ansporn groß genug ist, und findet eine Balance zwischen Schmerz und Vergnügen. Im Rückblick muss ich sagen, dass EB mich auch gar nicht von so vielen Dingen abgehalten hat, obwohl man mich vor ihnen gewarnt hatte.

Unsere Frankreichpläne sind fürs Erste leider vom Tisch, Peter und ich schauen uns jedoch nach einem neuen Haus um und hoffen, vielleicht in Devon an der Küste leben zu können. Teddy liebt nämlich das Meer, und ich schaue ihm so gerne beim Herumtollen am Strand zu. Er buddelt im Sand, wälzt sich darin und scheint zu lachen, wenn er uns ansieht. Und er findet dort immer Freunde zum Spielen, weil ihn Hunde und Menschen gleichermaßen lieben.

Teddy wird nächstes Jahr zehn, aber das merkt man ihm wirklich nicht an. Er ist immer noch der gleiche lustige Frechdachs. An seinem neunten Geburtstag bin ich mit ihm in eine Zoohandlung gegangen, um ihm ein Geschenk zu kaufen. Ich nahm zwei Spielzeuge aus dem Regal und hielt sie ihm hin.

»Welches möchtest du gern zum Geburtstag, Teddy? Dieses oder dieses?«

Das hier! Er sprang hoch und schnappte sich mit dem Maul das Spielzeug in meiner rechten Hand, eine quietschende Raupe.

»In Ordnung«, sagte ich, aber bevor ich das andere zurücklegen konnte, sprang er auch schon hoch und packte es ebenfalls. *Und das hier auch, Mum!* Tja, leider musste ich ihm jetzt beide kaufen, weil er sie im Maul gehabt hatte. Er ist schon ein cleverer Bursche und weiß immer ganz genau, was er tut.

Ehrlich gesagt will ich gar nicht darüber nachdenken, aber ich weiß natürlich, dass sich Teddy langsam dem Ruhestand nähert. Viele der Hunde von *Canine Partners* hören in seinem Alter auf zu arbeiten. Und wie fit er dann auch sein mag, mit zwölf ist bei ihm Schluss.

Der Verlust von Teddy wäre für mich ein harter Schlag, aber ich glaube auch nicht, dass ich jetzt wieder ohne Assistenzhund klarkommen könnte. Während der Zeit, als Ted Magenprobleme hatte, ist mir erst klar geworden, wie viel er für mich macht. Was ich als Nächstes tun werde, habe ich noch nicht beschlossen. Wenn ich nächstes Jahr anfange, einen neuen Welpen zu trainieren, kann er bei Teddys Pensionierung nahtlos übernehmen. Aber ich will Teddy nicht einfach so abschieben, weil er in der Hinsicht bestimmt viel empfindlicher reagieren wird als Monty damals. Monty hatte nicht sein ganzes Leben an meiner Seite verbracht, deshalb konnte man ihn problemlos auch mal bei anderen Leuten unterbringen. Aber Ted und ich waren von seiner neunten Lebenswoche an nicht ein einziges Mal getrennt. Und ein neuer Welpe würde ja auch viel Arbeit bedeuten!

Ehrlich gesagt bin ich mir nicht sicher, ob ich einen Abschied von Teddy überleben würde, vor allem weil ja Weinen so gefährlich für meinen Hals ist. Peter hat schon angekündigt, dass er nicht einmal auf demselben Planeten sein will, wenn ich Teddy irgendwann verliere. »Mir geht es doch genauso«, nickte ich.

Andererseits habe ich durch Teddy den Abschied von Monty verkraftet, wer kann also sagen, was die Zukunft noch bringen wird. Vielleicht fände Teddy es ja auch toll, einem Welpen all seine Tricks beizubringen. Aber ich kann nur hoffen, dass wir für diese Entscheidung noch ein bisschen Zeit haben. Im Moment möchte ich Teddy einfach nur all meine Liebe entgegenbringen und für ihn da sein, so wie er mich liebt und für mich da ist.

Ted ist mein Leben, seinetwegen stehe ich jeden Morgen auf. Dass ich mich ungeachtet meines eigenen Zustands um ihn kümmern muss, gibt mir Halt. Er zeigt mir, dass das Leben weitergeht, auch wenn es gerade nicht so einfach ist.

An seiner Seite kann ich fliegen. Mir ist egal, was andere Menschen denken, denn wenn ich in seinen Augen okay bin, dann bin ich es für mich selbst auch – und das ist alles, was zählt. Ich denke jeden Tag daran, wie glücklich ich mich schätzen kann. In ihm habe ich einen treuen, liebevollen, loyalen und fröhlichen Freund, und ich kann voller Zuversicht sagen, dass er mein Leben in den Pfoten hält. Ich halte seine Leine fest, und er mein Herz.

Hilfe und Informationen

Hier ein paar Organisationen und Dinge, die mir im Laufe der Zeit geholfen haben und vielleicht auch anderen nützlich sein könnten:

Canine Partners hat Ted für mich gestellt, mir bei allem geholfen und immer an uns geglaubt. Ich hoffe, wir machen euch stolz!

www.caninepartners.co.uk

Klickertraining ist eine ganz wunderbare Art und Weise, Hunde zu erziehen. Mehr Informationen dazu findet man hier:

www.clickertraining.com

DEBRA bietet Krankenschwestern und soziale Fürsorge. Die Hilfe durch diese Organisation hat das Leben mit EB viel einfacher gemacht. Ihr unersetzliches Pflegepersonal hat uns immer zur Seite gestanden.

www.debra.org.uk

Livescribe ist ein unglaublich toller Stift, mit dem ich einen Text von Hand schreiben, ihn dann auf meinen Computer laden und in eine Textdatei verwandeln kann.

Danke, Ruth, dass du ihn für mich ausfindig gemacht hast.

www.livescribe.com

Magloc stellt für Hundegeschirre eine magnetische Alternative zu Karabinerhaken her, die viel einfacher zu benutzen ist. Sie ist sowohl für empfindliche Hände als auch bei feuchtem Wetter toll.

www.magloc.co.uk

Pets As Therapy organisiert Besuche in Krankenhäusern und anderen Institutionen, bei denen Freiwillige zu therapeutischen Zwecken ihre eigenen freundlichen Hunde und Katzen mitbringen.

www.petsastherapy.org

Remap ist eine Organisation, bei der Ingenieure im Ruhestand dabei helfen, die Probleme von Menschen mit Behinderung zu lösen. Sie haben für uns ein Verbindungsstück entwickelt, mit dem ich Teds Anhänger hinter mein Elektromobil hängen kann.

www.remap.org.uk

Teds Homepage verweist auf seine Facebookseite und YouTube, wo ihr euch Videos von seinem Training ansehen könnt.

www.mylifeinhispaws.co.uk

Danksagung

Ich danke Jon, Kate, Nicola, Fiona, Charlotte, Jenni und Naomi – ohne eure Hilfe gäbe es dieses Buch heute nicht. Es ist toll, zu Hodder & Stoughton zu gehören.

Eine geheimnisumwobene Insel.
Der Duft der Erinnerungen.
Und eine unvergessene Liebe …

Elettras früheste Kindheitserinnerung ist der Duft von
Anisbrötchen. Ihre Mutter war eine begnadete Bäckerin,
deren Köstlichkeiten direkt den Weg zum Herzen der
Menschen fanden. Doch seit sie schwer erkrankt ist,
steuert die Bäckerei der Familie auf den Bankrott zu.
Und Elettra ist ganz auf sich allein gestellt, denn sie
erfuhr nie, wer ihr Vater ist. Als sie von einer kleinen
Insel im Mittelmeer hört, auf der ihre Mutter die glück-
lichste Zeit ihres Lebens verbracht haben soll, reist sie
kurz entschlossen dorthin. Inmitten von Zitronen-
hainen stößt sie auf ein verlassenes Kloster, das eine
alte Liebe verbirgt – und vielleicht das große Glück.

PENGUIN VERLAG

Warum der Kater
nicht mehr schnurrt

Was tun, wenn der geliebte Kater immer mittwochs
inkontinent wird oder das Kätzchen nach dem
Kartoffelschälen plötzlich zum kampflustigen Tiger
mutiert? Dr. Ulrike Werner rückt an und bereitet
dem Katzenjammer ein Ende! Die Berliner Tierärztin
enthüllt mit viel Fingerspitzengefühl, was Katzen ihren
Besitzern nicht sagen können. Dabei ist nicht nur ihr
Wissen als Tierverhaltenstherapeutin, sondern auch viel
Menschenkenntnis gefragt. Denn manchmal müssen
Mensch und Tier sich nur verstehen lernen, damit aus dem
Sorgenkätzchen wieder eine glückliche Schmusekatze wird.

🐧 PENGUIN VERLAG